JN098914

PIDとFFでつくる
素性のよい制御系

11ステップ
制御設計

酒井 英樹 著

森北出版

はじめに

　制御とは，検出した信号を使って，使用目的に合うように機械などを動かすしくみだ．使用目的や信号のセンサ・装置類は多種多様だから，その組み合わせは無数にある．その中から，もっとも目的に合ったしくみを選び（カスタマイズし），その細部を設計することが制御設計だ．だから，制御の素性は，カスタマイズによって決まる．

　ところが，カスタマイズの概念は広く知られてはいないようだ．しかも，カスタマイズのための強力な道具の一つであるフィードフォワード制御は，フィードバック制御に比べると教科書での扱いが極端に少ないように思える．このような現状だから，カスタマイズしない「素のPID制御」一本槍†で仕事をする方がいらっしゃるようである——などと書くと他人事のようだが，実は私もその一人だった．

　私がカスタマイズに気づいたのは，前の勤務先でのことだ．制御工学の教科書の内容は頭に入れているつもりだったし，制御工学の権威の先生方による社内の制御教育コースにも参加したが，制御設計で一目置かれる同僚の話について行けないことがあった．たとえば，「このシステムには，フィードバック制御じゃなくてフィードフォワード制御のほうがいい」のような会話だ．フィードフォワード制御は，私が勉強した教科書にはほとんど書いていなかったし，社内コースでも習わなかったので，困惑した．このようなことが頭の中に引っかかって，あれこれと考えているうちに，一目置かれている同僚達がカスタマイズしていることにようやく気づいたのだ．

　私の観察では，彼らのカスタマイズ方法は，ほぼ同じだ．だから，普遍的な設計法がある（ようにみえる）のだが，周知されてはいない．そこで，カスタマイズを包括した「設計法」を教科書としてまとめる必要性を感じたことが，この本を執筆する動機になった．

　この本の内容はこうだ．正しくカスタマイズされた制御を「**素性のよい制御**」，素性のよい制御を開発している技術者を「達人」とよべば，この本は，実際に制御設計をされている方から，大学や高専で制御「理論」の授業についていけない方，制御を習ってない方までを対象に，

---

† PID制御だけでなく，現代制御における**最適レギュレータ**もそうだ．

素性のよい制御を，

達人のように手際よく設計できることを目標に，

達人の設計法を体系化・マニュアル化

したものだ．

そのため，次の三つをこの本の執筆方針にした．

- 設計手順を明示した．そのために，設計に使わない制御理論は付録や Tips に，細かい説明は脚注に回した．もちろん，教科書としての必要事項は網羅してある．
- 制御設計に使われる方法を納得したうえで使いこなしてもらうために，制御系の動作の直観的イメージを記した．
- 制御設計の現場での業界標準制御設計ソフトウエア MATLAB /Simulink の使用を前提とした．

最後に，この本は，もともとは，豊田中央研究所の小野英一博士，トヨタ自動車の門崎司朗様，ヤマハ発動機の木村哲也様，いすゞの野原晴様，本田技術研究所の河合俊岳様との共同執筆の予定だった．皆様のご多忙のため，私の単著になってしまったが，現場での制御設計と教科書との乖離についての彼らとの議論が，この本の土台になっている．また，自動車会社に勤務されている刑部朋義様には，第 I，II 部（とくに数式）の確認をしていただいた．島津製作所の酒井春彦様には読者の観点からアドバイスをいただいた．さらに，この本の執筆方針から作図に至るまで，太田陽喬氏を始めとする森北出版の編集者の方々から多大なご指導・ご協力をいただいた．これらの方々に深くお礼を申し上げる次第である．

この本が，よりよい制御の設計に取り組むエンジニアの方々やそれを目指す学生諸君のお役に立つことができれば幸いである．

2021 年 2 月

著者

目　次

付録　基礎事項

序章

制御設計の流れとこの本の構成

この本が想定する読者と目的

　この本の対象者は，初心者から実務者まで幅広い．その中でも説明レベルとしてとくに想定するおもな読者は，制御工学に挫折したり，制御（設計）に自信がもてない方，たとえば，機械電気系の共通分野（周波数応答・過渡応答など）の知識はあるが，制御設計の知識や経験が浅いというような方だ．このような方々でも制御設計を最短で学べるように，本書は構成されている．だから，PID 制御に自信をもっている方なら，フィードフォワード制御や 2 自由度制御系を容易に身につけ，よりよい制御設計ができるようになるはずだ．もちろん，制御工学を習ったことのない方でも，付録を参照していただくことで，お読みいただけるように配慮してある．

制御設計に必要な技術

　制御とは，検出した信号を使って，使用目的に合うように機械などを動かすしくみだ．使用目的や信号のセンサ・装置類は多種多様だから，その組み合わせは無数にある．その中から，もっとも目的に合った組み合わせを選び，その細部を設計することが制御設計だ．したがって，制御設計の本質は，制御のバリエーション選択としての「カスタマイズ」だ．この本では，正しくカスタマイズされた制御を**素性のよい制御**と書くことにする．

　素性のよい制御系の設計手順は，大雑把には表 1 のようになる（くわしい内容は，次章以降で話すので，理解できなくても心配は無用だ）．

　この制御設計の Step1〜9 を**コンセプト設計**，Step10 を**細部構造設計**，Step11 を定**数設計**ということにする．

表1　制御設計の手順

	Step	実施事項
コンセプト設計	1	ユーザーにとっての便益の明確化
	2	便益の定式化
	3	アクチュエータの物理量と出力側センサ候補の検討
	4	入力側センサの候補の検討
	5	制御系の上位バリエーションの選択 　カスタマイズその1：追値制御/定値制御の選択 　カスタマイズその2：フィードバック制御/ 　　　　　　　　　　　フィードフォワード制御/ 　　　　　　　　　　　2自由度制御系の選択
	6	入力波形の模式化
	7	制御系の動作の許容誤差の決定
	8	センサのスペックの決定
	9	アクチュエータのスペックの検討
細部構造設計	10	制御対象の数式化 制御系の下位バリエーションの選択（カスタマイズその3） • フィードバック制御の場合： 　PID制御の選択（Iの数の決定やPID/PI-D/I-PDの選択） • フィードフォワード制御の場合：各種方式の選択
定数設計	11	カスタマイズその4：制御の数式に使われる定数の決定

▌この本の構成

　この本は，2部構成になっており，制御設計法を過不足なくまとめている．

　第Ⅰ部は第1〜3章からなる，制御設計の要素技術の部だ．第1章を理解することで，使用目的に合った制御系のコンセプト設計（Step1〜9）ができるようになる．第2章を理解することで，PID制御のバリエーションが選択でき（Step10），さらにその定数設計を，Simulinkの時間軸波形をみただけで設計できるようになる（Step11）．第3章では，フィードフォワード制御や2自由度制御系の設計と，そのバリエーション選択ができるようになる（Step10）．

　第Ⅱ部は，第4〜5章からなる，制御設計の詳細手順の部だ．第4章の制御設計マニュアルに従えば，素性のよい制御系を設計できるようになる．第5章では，三つの具体例に対し，マニュアルに従って実際に設計する流れをみることができる．

　付録には，制御工学をはじめて学ぶ方や，忘れてしまった方を対象に，制御工学の基礎事項を述べている．必要に応じて読んでいただきたい．

Columun 制御「設計」の手順と制御「工学」の教科書との関係 ⋯⋯⋯⋯⋯

　大雑把にいえば，たいていの制御「工学」(古典制御) の教科書の主題は，フィードバック制御の安定判別と安定余裕，定常偏差だ．この他の，片側ラプラス変換と両側ラプラス変換の区別や，安定判別の証明は，設制「設計」には余分だ (しかも，制御を学ぶ人にとっての挫折や忌避感の元凶となることもあると思う)．さらにいえば，安定余裕は，安定判別の「上位互換」だから，安定判別は制御設計には使わない (ただし，安定性の概念は知る必要がある)．

　また，たいていの制御工学の教科書では，フィードフォワード制御の扱いが少なく，制御設計には不足している．また，フィードフォワード制御とフィードバック制御とを比べて，フィードバック制御のほうが優れている旨が書かれていることがある．しかし実は，これはフェアな比較ではない (p.76 のコラム「不安定零点のある FF 制御の他書での扱い」参照)．そもそも，フィードフォワード制御とフィードバック制御では，使うセンサが違い，この違いのほうがむしろ重要だと思うのだが，センサの違いに触れている教科書をみたことがない (実はあるのかもしれないが)．さらに，たいていの教科書には本書でいうコンセプト設計が載ってない．これらも制御設計にとっての不足点だ．

　このように，制御「設計」の観点からは，制御「工学」の教科書には過不足がある．不足している部分は，行間どころか章間を読む必要があり，余分な箇所は飛ばす必要があるので，制御工学の教科書から設計手順を察するには，相当な大局観が必要だろう．

第 I 部

制御設計のための技術

第1章

制御の基礎とコンセプト設計

　ここでは，制御系の基本計画を立案する「コンセプト設計」の方法と，そのために必要な基礎的なことがらを身に着けよう．

1.1／制御系とは ●●●

　ここでは，コンセプト設計に必要なことがらや用語を身につけよう．

　制御とは，「検出した信号を使って，使用目的に合うように機械などを動かすこと」だ．制御したい相手を**制御対象**とか**プラント (plant)** といい，制御対象を含めて，制御するしくみ全体のことを**制御系**という．

　使用目的や，信号検出のためのセンサ，制御対象を動かすための装置類は多種多様だから，その組み合わせは無数にある．その中から，もっとも目的に合うしくみを選んで，その細部を設計することが制御設計だ．だから，制御設計の本質は「**カスタマイズ**」だ．正しくカスタマイズされた制御系を**素性のよい制御系**ということにする．

　制御系が工業製品として目的を達成するためには，ユーザーの役に立ち，**費用に見合うようにカスタマイズ**することが必要だから，「高価すぎないか？」「本当に役に立つのか？」と，ユーザーの身になって設計しなければならない．

　次に，制御系の各種装置や用語を覚えよう．人間が何かを制御するとき，目などで「認知」して，脳で「判断」して，筋肉で「操作」する．制御系では図 1.1 のように，目のかわりに認知するのが**センサ**，脳のかわりに判断するのが**演算器**（デジタル計算機），筋肉のかわりに操作するのが**アクチュエータ**だ．演算器とアクチュエータを一体とみなして，**制御器**とか**コントローラ (controller)** という．

　アクチュエータとは，制御対象に力や変位などを加える装置（モータ・シリンダ・バルブなど）だ．制御対象に加える力や変位などを**操作量**とよび，操作量以外に制御対象へ加わる力や変位などを**外乱**という．これらの，操作量や外乱による制御対象の動きを**制御量**という．制御量は，制御した結果の量だ．一方，**目標値**とは，「制御の目的を実現するための値」だ．なお，アクチュエータの動作の遅さが無視できない場合

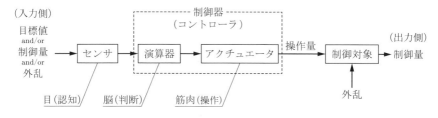

図 1.1 制御系の基本構成

や操作量＝制御量などの場合は，アクチュエータも制御対象に含め，その操作量は演算器からの出力値にする．

　センサには 2 種類ある．制御器の入力側（原因側・将来側）にある**目標値センサ**と，制御対象の出力側（結果側・過去側）にある**制御量センサ**だ（図 1.2）[†1]．このセンサの違いを，人間の目に例えると，前を向いて歩くときの目が目標値センサで，後ろを向いて歩くときの目が制御量センサだ（図 1.3）．目標値センサと制御量センサのどちらを使うかによって，制御系の最上位のバリエーションが決まるので，この区別は必須だ．だから，センサをこのように区別する習慣をつけよう．

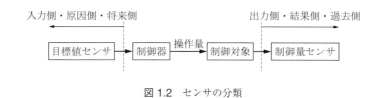

図 1.2 センサの分類

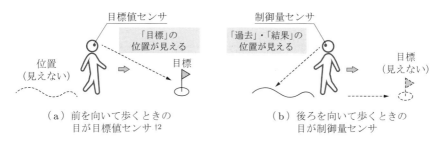

図 1.3 センサの例

---

†1 制御器と制御対象との間にセンサがあれば，それは制御系内部の「アクチュエータを制御対象とした制御系」の制御量になる．この制御量の用途は，より正確にアクチュエータを動かすことだ．
†2 前を向くと，自分の現在の位置（制御量）の察しもつくので，正確には，目標値センサ＋制御量センサだ．

　なお，センサには，物理量の検出だけでなく，計算機能を含むこともある．たとえば，建物の地震時の免震制御では，「地面」→「建物」の順に振動が伝わるので，原因側にある地面の振動センサが目標値センサだ．この目標値センサは，建物の振動を打ち消すための値を計算して，それを目標値とする．

1.2／制御の上位バリエーション

　序章の表 1 でも触れたように，制御のバリエーションには階層がある．コンセプト設計では，表 1.1 に示す上位バリエーションを選択するのだが，この選択は，センサで決まる．これが，素性のよい制御系を設計するための核心部だ．

表 1.1　上位バリエーションとその選択

目標値センサ	制御量センサ	最上位バリエーション	次位バリエーション	作動原理	使用性
無	有	定値制御	フィードバック (FB) 制御	制御量と逆方向に適当量の操作	適
有	無	追値制御	フィードフォワード (FF) 制御	目標値と同方向に必要十分量の操作	適
有	有	追値制御	2 自由度制御系	FF 制御+FB 制御	適
有	有	追値制御	FB 制御	(目標値 − 制御量) と同方向に適当量の操作	不適

1.2.1／定値制御

　制御の最上位バリエーションの一つが定値制御だ．定値制御は，目標「値」が一「定」，とくに「0 で一定」の制御だ．**目標値が常に 0 なら，目標値センサはいらない**．つまり，定値制御は**目標値センサを使わない制御**といえる．ただし，センサが一つもないと制御できないから，定値制御には**制御量センサが必要**だ．

　定値制御の場合，次位バリエーションとして**フィードバック制御**（FB 制御：第 2 章）を使う．FB 制御を自動車の自動運転に例えると，車を車線中心に保つ制御（図 1.4）だ．その原理は，車線中心から車が左にそれたら（**制御量が左**），逆方向の右にハンドルを切る（**操作量が右**）ことだ．その操作量は大きすぎず，小さすぎずの「適当量」であって，**論理的には決まらない**．

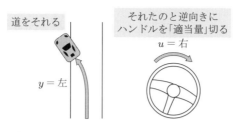

図 1.4 定値制御のしくみ：制御量センサで車体の位置を測り，
それたのと逆方向にハンドルを切る．切る量は，
大きすぎず，小さすぎずの「適当量」だ．

1.2.2／追値制御

　もう一つの最上位バリエーションが追値制御だ．追値制御は，目標「値」を制御量
が「追」いかける制御だ．そのためには目標値センサが必要だ．つまり，追値制御は，
目標値センサを使う制御といえる．制御量センサはなくてもよいが，あればなおよい．

　追値制御で目標値センサだけを使う場合，次位バリエーションとして**フィードフォ
ワード制御**（**FF 制御**：第 3 章）を選ぶ．FF 制御を自動運転に例えると，カーブを曲
がるための制御（図 1.5）だ．左カーブ（**目標値左**）では，曲がるために**必要十分なだ
け左にハンドルを切る**（操作量左）．

　追値制御で目標値センサと制御量センサの両方を使う場合，次位バリエーションと
して**2 自由度制御系**を選ぶ．2 自由度制御系は，FF 制御に FB 制御を足したものだ．
制御量センサも使う分，FF 制御よりも動作（応答という）が速く正確だが，高価だ．

　2 自由度制御系から FF 制御部を外すと FB 制御になるから，FB 制御を追値制御と
して使えないこともないが，FF 制御部がない分，2 自由度制御系よりも応答が遅い．

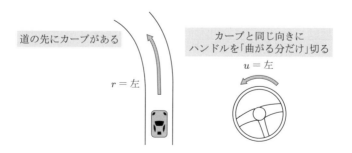

図 1.5 追値制御のしくみ：目標値センサでカーブの半径を測り，カーブと同じ向きに，
カーブを曲がるのに必要十分な量のハンドルを切る．

したがって，**追値制御に FB 制御は不適当**だ．

　なお，追値制御は，将来の目標値がわかる**プログラム制御**と，現在の目標値しかわからない**追従制御**とに分けることがある．これらの選択は，コンセプト設計の Step4 で自然に決まるので，本書では，プログラム制御と追従制御と FB 制御の応答の比較について 5.1.2 項で比べる以外では，これらを区別しない．

　センサがあるなら 2 自由度制御系で ....

　目標値センサと制御量センサの両方が揃っているのに，FB 制御を使う方をお見かけする．この場合，応答がより速い 2 自由度制御系を使うことを強くお勧めする．

1.3／コンセプト設計の手順 ・・・・・・・・・・・・・・・・・・・・・・・・・・・・・・・・・・・

　1.2 節でみた上位バリエーションの選択が，序章の表 1 の Step 1〜5 に相当する．これらを含んだ Step 1〜9 がコンセプト設計だ．ここではコンセプト設計の具体的な手順を示す．この手順を身につけることによって，素性のよいコンセプト設計ができるようになる．なお，コンセプト設計のくわしいマニュアルを，第Ⅱ部でケーススタディとともに解説する．

▎Step1　ユーザーにとっての便益の明確化
　制御システムがユーザーに提供する便益を，

$$○○を××にする \tag{1.1}$$

という一言で表す．

> 　例をあげよう．道路の凹凸によって自動車の車体は上下に揺られる．この上下振動が大きいほど，乗員は不快に感じるので，これを解消したい．そのための制御がユーザーに提供する便益を，式 (1.1) の形にすると，こうなる．
>
> **　　不快な上下振動をなくす** (1.2)

▎Step2　便益の定式化
　便益を物理値で表すために，式 (1.1)を次の形にする．

$$ユーザーの便益に関する量 ≈ その量の理想値 \tag{1.3}$$

ここで,「＝」ではなく,「≈」を使うわけは,費用の点から積極的に誤差を許す意識をもつためだ.この意識が足りないと,費用の割に効果のない制御になりがちだ.

式 (1.2) を式 (1.3) の形にすると,こうなる.

$$上下振動 \approx 0 \tag{1.4}$$

┃Step3　アクチュエータの選定と制御量センサ候補の検討

式 (1.3) の左辺を操作する装置がアクチュエータだ.その候補が複数あるときは,便益と費用とのバランスがもっともよさそうなものを選ぶ.また,アクチュエータが決まると,制御対象や制御量も決まる.その結果,制御量のセンサの「候補」も決まる(実際に制御量センサを使うかどうかは,Step5 で決める).

式 (1.4) では,左辺は「上下振動」だ.そこで,車体の上下振動を打ち消すように,上下方向の力を加える装置がアクチュエータになる.そして,その操作結果である車体の上下動(たとえば,上下加速度)が制御量になる.したがって,制御量センサは加速度計などが考えられる.

┃Step4　目標値センサ候補の検討

目標値センサの見つけ方は,制御量(結果・過去・遅い情報)から「原因」「将来」「早い情報」に遡って,信号を探す.その中でもっとも「原因」に近い,もっとも将来の信号のセンサが,目標値センサの第一候補だ(実際に目標値センサを使うかどうかは,Step 5 で決める).

制御量は車体の上下加速度で,その「原因」は道路の凹凸だから,道路の凹凸変位の信号が目標値の第一候補だ.

┃Step5　上位バリエーションの選択

もっとも費用対効果が高そうなセンサを選び,それに応じて前節の表 1.1 から制御方式(FB 制御,FF 制御,2 自由度制御系のいずれか)を選ぶ.

> 道路の凹凸を測る目標値センサは高価すぎて，使えないことが多い．そこで，車体の上下加速度を測る加速度計を制御量センサとして使う．この場合，制御量センサだけを使うので，FB 制御だ．

▌Step6　入力波形の模式化

　入力の種類によって，制御系のバリエーションが変わる．そこで，実際の入力（目標値や外乱）をイメージした**モデルケース的な時間軸の入力波形**を作る．これを**模式化入力**という．模式化入力には，表 1.2 中の**ランプ入力**や**ステップ入力**，sin などの入力を使う．Simulink には，各入力に対応したブロックが用意されているので，後の Step で Simulink を使う際は，これらのブロックを指定するだけでよい．

　なお，Simulink は，バージョンによってブロックの表記や機能が変わりやすい[†]ので，注意してほしい．

　模式化入力波形の最大値は，実際の最大値とだいたい合うようにしておくとよい．

表 1.2　模式化入力に使われる関数

入力		Simulink ブロック
インパルス（面積 1）		（ステップ入力を微分）
ステップ（高さ 1）		Step
ランプ（傾き 1）		Ramp
$\sin \omega t$		Sine Wave
τ 秒遅延		Transport Delay

[†] 著者の経験では，微分に関する計算のバージョン依存性が強い印象がある．本書は R2019a を使用している．

この例では，たとえば振幅 $2\,\mathrm{mm}$，周波数 $1\,\mathrm{Hz}$ の sin 波の路面だ．

Step7 目標値に対する制御量の公差の決定

費用対効果の点から，模式化入力時の**目標値**と**制御量**との誤差を目的に合う範囲で積極的に許す（定置制御の場合は目標値 $=0$ だ）．その誤差を，形状設計にちなんで**公差** という．公差を適切に決めることが大切だ．

自動車の上下振動では，模式化入力時の上下加速度の公差は，たとえば $0.5\,\mathrm{m/s^2}$ だ．この公差内なら，振動しても乗員は不快にならない．

Step8 センサのスペックの決定

模式化入力から，センサが測れる最小値である**分解能**を決め，それを満たすセンサを選ぶ．模式化入力を加えたときの**目標値センサ**や**制御量センサ**の最大値の **1/10 以下**が，センサの分解能の目安だ．分解能は小さいほどよいが，費用対効果に注意しよう．

上下加速度の最大値を $0.1\,\mathrm{m/s^2}$ としたので，その 1/10 の $0.01\,\mathrm{m/s^2}$ 以下が目安だ．

Step9 アクチュエータのスペックの決定

模式化入力の目標値や制御量の波形からアクチュエータの**操作限界**を概算し，それを満たすアクチュエータを選ぶ．ただし，厳密な計算は不要で，桁程度の概算でよい．操作限界が大きいほど，制御の操作にはよいが，重厚長大かつ高価になりがちなので，必要十分なものを選ぼう．

振幅 $2\,\mathrm{mm}$，$1\,\mathrm{Hz}$ の sin 波の加速度は

$$\frac{2}{1000} \times (2\pi \times 1)^2 \approx 0.07\,[\mathrm{m/s^2}]$$

だ．この加速度に制御対象の質量をかけた値が，最大力の桁程度の概算値になる．たとえば，質量 $1000\,\mathrm{kg}$ なら，最大力 $\approx 70\,[\mathrm{N}]$ だ．

PID制御

制御量センサだけを使う制御が定値制御だ．定値制御の次位バリエーションは FB 制御だ．FB 制御とは，制御量と逆方向に「適当量」操作する制御（表 1.1）であり，外乱下で制御量を 0 に保とうとする．FB 制御の主流は PID 制御とされるので，この本では定値制御 = FB 制御 = PID 制御と考えることにする．また，追値制御でも 2 自由度制御系の FB 制御部に PID 制御が使われる．

そこでこの章では，PID 制御のしくみを理解したうえで，PID 制御のバリエーション選択ができ，さらに時間軸波形を目でみながら操作を「適当量」に設計できるようになろう．なお，本文で解説しない要素技術（ブロック線図やボード線図など）は，必要に応じて付録を参照してほしい．

2.1／しくみと基本的発想 ●●●●●●●●●●●●●●●●●●●●●●●●●●●●●●●

PID 制御は，比例制御（P 制御）と積分制御（I 制御）と微分制御（D 制御）を，必要に応じて取捨選択して組み合わせた制御だ（P 制御も I 制御も D 制御もすべて揃っているものが，狭い意味での PID 制御だが，適宜意味を使い分ける）．

PID 制御の特徴は，「設計が簡単」な割に，「そこそこ正確に，そこそこ速く」動くことだ．そこでこの章の前半では，PID 制御の正確さと速さについて理解し，後半では，その理解に基づいて，Simulink に表示される制御量や操作量の波形をみながら操作を「適当量」に設計する方法を身につけよう．

2.1.1／P 制御

ここでは，PID 制御の主役である P 制御を理解しよう．

基本構造

P 制御とは，制御量センサからの信号と比例計算だけを使って外乱を抑える操作だ．この制御によって，1.2.1 項で話した，車が「左」にそれたらハンドルを「右」に「適

当量」切る制御ができる．図 2.1 が P 制御の基本構造だ．「車が左にそれる」が外乱に相当する．「左」を「右」に直すために，符号を変えるのが図中の -1 のブロックで，「適当量」を表すのが K_P だ．K_P は比例定数で，K_P を**比例ゲイン**，あるいは単に**ゲイン**や **P** という．また，K_P に限らず，あらゆる比例定数を**制御定数**という．

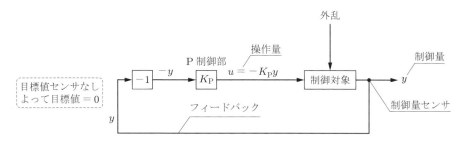

図 2.1 P 制御の基本形（定値制御）：K_P は制御定数
（この図を**ブロック線図**という．ブロック線図は付録 A を参照）

図 2.1 中の制御量センサから -1 ブロックへの「←」方向の経路は，後ろに戻るようにみえるので，この方向の経路を**フィードバック**といい，フィードバックを使った制御を**フィードバック制御**（**FB 制御**）という．フィードバックされる信号は，制御量センサで検出されたものだから，FB 制御とは制御量を使った制御のことだといえる．制御量センサの信号は，制御量センサ → フィードバック → -1 → K_P → 制御対象 → 制御量センサと周回するので，この周回路を**フィードバックループ**という．

P 制御の本来の使い道は，定値制御だから制御量センサだけを使う制御系だ．一方，目標値センサを使う場合は追値制御だから，FF 制御か 2 自由度制御系を使うのが原則だ．原則から外れて追値制御に PID 制御を使うと，FF 制御や 2 自由度制御系よりも応答が遅くなりがちだが，逆にいえば，応答の遅さを気にしなければ，PID 制御を追値制御にも使える（そんな度胸は私にはありませんが…）．それが図 2.2 の P 制御だ．

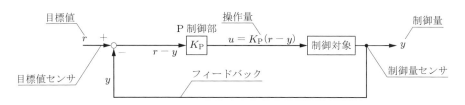

図 2.2 （応答の遅さを気にせずに追値制御に流用した）P 制御の構成（目標値センサ追加）：この図では，加算点の負号によって，図 2.1 の -1 ブロックが表現されている

▋制御対象の想定

　P 制御の本質は,「車が左にそれたら右にハンドルを適当量切る（1.2.1 項)」ことに尽きるが, ここでは, 後の I 制御や D 制御の説明の都合上, あえて本来の使い方ではない追値制御として, バケツに水を入れる制御（図 2.3）を考えてみよう. 目標水位（目標値）r は一定で, 水位 y が制御量, 水位計が制御量センサ, 蛇口の開度が操作量だ. この目標値センサは目標値を入力するキーボードや設定ボタンだ（このような目標値のことを**設定値**ということもある）.

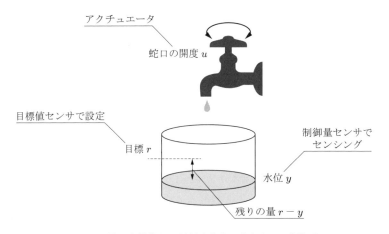

図 2.3　蛇口を操作して目標水位まで水を入れる制御系

▋基本的発想

　図 2.3 の制御系で, **なるべく正確に, なるべく速く**水を入れる方法を考えよう. たとえば, 蛇口を大きく開いて水を素早く入れ, 水位が目標に達した瞬間に蛇口を閉じる方法はどうだろうか？ 制御系には何らかの遅れがあるため, 蛇口を閉じるのが遅れた分だけ余分に水が入ってしまう. だから, 蛇口を大きく開くと, 水は速く入るが水位は不正確だ. 逆に, 小さく開くと, 正確だが遅い. そこで, なるべく正確に, なるべく速く水を入れるために, 蛇口を**最初大きく, 後小さく**開こう.

▋「最初大きく, 後小さく」の数式化

　「最初大きく, 後小さく」の, 先人達があみだした計算法はこうだ.

　　　　　　目標までの**残りの量**に**比例**させて蛇口を開く　　　　　　　　　　　(2.1)

なぜなら,「残りの量」も「最初大きく,後小さい」からだ.「比例」を使うわけは,「計算が簡単だから」にほかならない(比例計算ができない読者はいるだろうか?).だからこの式は,物理学や数学の基本原理から必然的に導き出されたわけではない.

式 (2.1)は,比例記号を使うとこうなる.

$$\text{蛇口の開度} \propto \text{残りの量} \tag{2.2}$$

この式のように,「残りの量」に比例して操作する制御を**比例制御**という.比例制御を,英語では Propotional control というので,その頭文字から **P 制御**ともいう.

▌制御量の式

式 (2.2)を数式にすると

$$u = K_\mathrm{P}(r - y) \tag{2.3}$$

だ.これが制御量の式だ.この式の $r - y$ が「残りの量」であり,**偏差**ともいう.

図 1.4 の制御で,目標である道路の中心を $r = 0$,道路中心からそれた量を y として(図 2.4),$r = 0$ を式 (2.3)に代入すると,偏差は $-y$ になる.この負号のため,ハンドルの角度 u は,y と逆方向で,y に比例した量になる.だから,「左にそれたら右にハンドルを切る」ことも,式 (2.3)は含んでいる.

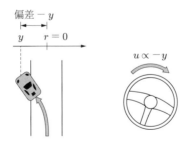

図 2.4 ハンドルの例の偏差

FB 制御とフィードバック原理

 FB 制御の概念図が図 2.5 だ．FB 制御は，**偏差を使って目標値 ≈ 制御量，つまり偏差 ≈ 0 になるように制御する．**だから，有効に作動している FB 制御系では，**偏差 ≈ 0** と考えることができる．そこで，「有効に作動している FB 制御で**偏差 ≈ 0**」が成り立つことを**フィードバック原理**とよぼう．フィードバック原理をブロック線図上で解釈すると，生じた偏差がほぼ 0 になるまで，信号がフィードバックループを周回することだ．

 なお，「偏差 ≈ 0」や「定常状態だけ偏差 = 0」にはできても，「常に偏差 = 0」にはできない．これは背理法によって説明できる．もし常に偏差 = 0 と仮定すると，操作量も常に 0 だから，何の制御もできないため，偏差 ≠ 0 になってしまう．この仮定と結論とは矛盾するから，常に偏差 = 0 にはできないのである．

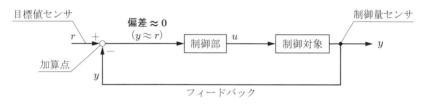

図 2.5　有効に作動している FB 制御の偏差

▌伝達関数ブロック線図

 まず，制御対象を式にしよう．簡単のために

$$\text{蛇口の開度} = 1 \text{ 秒間に流れる水の体積} \tag{2.4}$$

とする（PID 制御では単位の違いを気にしない）．バケツの底面積を 1 とすると，

$$\text{水位} = (1 \text{ 秒間に流れる水の体積}) \text{ の積分} = (\text{蛇口の開度}) \text{ の積分} \tag{2.5}$$

だ．水位は制御量だから y，蛇口の開度は操作量だから u と書くと，上式の両側は，

$$y = \int_0^t u\, dt \tag{2.6}$$

となる[†]（初期条件：$y = 0$）．これが制御対象の式だ．

[†] 水位は体積 / 底面積だ．もし u が一定なら体積は ut だから水位も ut だ．u が変化するときの ut にあたる計算が積分 $\int_0^t u\, dt$ だ（この積分を $\int_0^t u\, d\tau$ と書くこともある）．積分を使う理由は，水を入れると水位が上がるのは，水が積み重なるからだと思えばよい．

上式のような積分（や微分）の式を簡単にするために，**時間微分の記号** s を使う． s の単位は $1/s$ だ．ある数に s をかけると微分，$1/s$ をかけると積分になる[†]．

微分の記号 s を使うと，u の積分は u/s だから，式 (2.6) は，

$$y = \frac{u}{s} \tag{2.7}$$

と書ける．この式を u で割ると，

$$\frac{y}{u} = \frac{1}{s} \tag{2.8}$$

となる．これが制御対象の s の式だ．

この式のような s の関数を**伝達関数**といい，$G(s)$ のように書くことがある．とくに，制御対象 (Plant) の伝達関数を $P(s)$，制御器 (Controller) を $C(s)$ と書く．この場合の制御対象の伝達関数 $P(s)$ は上式 (2.8) だから，

$$P(s) = \frac{y}{u} = \frac{1}{s} \tag{2.9}$$

だ．また，制御器の伝達関数 $C_{\mathrm{PID}}(s)$ は，式 (2.3) を偏差 $(r - y)$ で割った

$$C_{\mathrm{PID}}(s) = \frac{u}{r - y} = K_{\mathrm{P}} \tag{2.10}$$

だ．なお，この制御は PID 制御の一種だから，$C(s)$ に添え字 PID をつけてある．

式 (2.9) と式 (2.10) とを組み合わせた式の**ブロック線図**（付録 A 参照）が，図 2.6 だ．

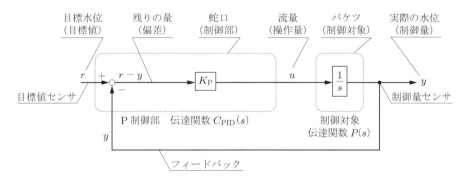

図 2.6　（追値制御に流用した）P 制御（式 (2.3) と式 (2.9)）のブロック線図

[†]　たとえば，x の微分 $\dot{x}$ は sx，x の積分 $\int_0^t x\,dt$ を x/s と表す．このような微積分の表し方を**ラプラス変換**という．なお，数学では，t の関数としての x と，s を使うときの x を区別するために，s を使うときの変数を大文字にする（たとえば，x を X と書き換える）が，工学では大文字にしないこともある．

▌P制御の動作

図2.6のP制御による応答を図2.7に示す. 水位は最終的に r になり (図(a)), し
かも, 「最初大きく, 後小さく」蛇口を開く (図(b)) ので, 狙いどおり「なるべく正
確に, なるべく速く」動くことがわかる.

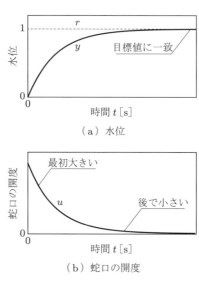

(a) 水位

(b) 蛇口の開度

図2.7 P制御の応答の例

▌定常状態と過渡応答

ここでは用語を覚えよう. 図2.7(a)では,
y は一定の値に収まる. 制御系が一定の状
態 (位置一定, 速度一定, sin波一定など)
に収まった状態 (初期値の影響が消えた状
態) を**定常状態**といい, 定常状態になるま
での状態 (初期値の影響の残る状態) を**過
渡状態**という. 定常状態での入力と出力と

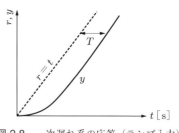

図2.8 一次遅れ系の応答 (ランプ入力)

の関係を**定常応答**, 過渡状態での関係を**過渡応答**という. また, 図2.7(a)の r のよう
に, 一定の値を制御系に入力することを**ステップ入力**といい, その応答を**ステップ応
答**という. また, 図2.8の r ように, 時間に比例する入力を**ランプ入力**といい, その
応答を**ランプ応答**という.

▌目標値と制御量との関係式

式 (2.9)と式 (2.10)から u を消去して，y/r の伝達関数を求めると，

$$\frac{y}{r} = \frac{1}{\dfrac{1}{K_{\mathrm{P}}}s + 1} \tag{2.11}$$

となる．この式の変数や係数を一般化すると

$$G(s) = \frac{1}{Ts + 1} \tag{2.12}$$

の形になる．このような分母が s の 1 次式，分子が 0 次式の伝達関数を，**一次遅れ系**という．ランプ応答の定常状態では，図 2.8 でみたとおり y は r よりも T [s]「遅れ」るので，まさに，一次「遅れ」系だ．T を**時定数**といい，単位は s だ．

式 (2.12)にステップ入力（図 2.9(a)）したときの時間軸波形（図 (b)）をみてみよう．この応答は図 2.7(a) と相似形だ．この応答波形を，原点での接線と漸近線との折れ線で近似すると，両者が交わる時刻が T だから，T は「過渡状態と定常状態の境目の時刻」の目安であり，「過渡状態の長さ」や「定常状態になるまでの時間」，「応答の遅さ」などの目安でもある．

（a）ステップ入力

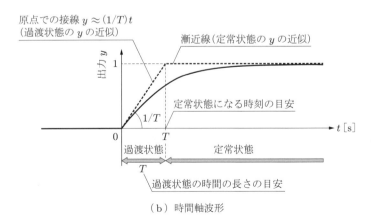

（b）時間軸波形

図 2.9　一次遅れ系の応答（ステップ入力）

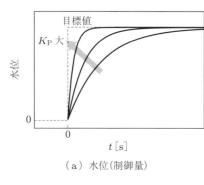

(a) 水位(制御量)

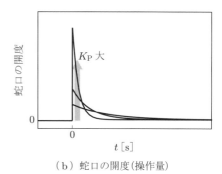

(b) 蛇口の開度(操作量)

図 2.10 K_P による応答の変化

式 (2.12)と (2.11)を比べると，T はこうなる．

$$T = \frac{1}{K_P} \tag{2.13}$$

したがって，K_P が大きいほど，T は小さくなるので，応答が速くなる（図 2.10）．

2.1.2／PI 制御

P 制御に積分を組み合わせたものを **PI 制御**という．PI 制御は，定常状態で P 制御に偏差がある場合，偏差をなくすために使う．

▌基本構造

図 2.11 が PI 制御の基本構造だ．比例ゲイン K_P と並列に積分 $1/s$ がある．積分の効きを調整するための制御定数が，積分ゲイン K_I だ．

説明の都合上，図 2.2 と同様に，追値制御に本来使わない PI 制御を使うと，図 2.12 のようになる（やはり，FF 制御や 2 自由度制御系よりも，PI 制御の応答は遅くなりがちになるので，FF 制御や 2 自由度制御系の使用をまず考えるべきだ）．

▌P 制御の定常状態の偏差

なぜ PI 制御を使う必要があるのか．その理由は，図 2.6 の P 制御では，ランプ入力のとき y と r とは最終的に一致せず，平行になってしまうからだ（図 2.13）．このような，定常状態での偏差を**定常偏差**といい，とくに，ランプ入力時の定常偏差を**速度偏差**という．定常偏差の対策が PI 制御なのだ．

速度偏差が生じるわけを背理法で話そう．ありえないことだが，もし仮に定常状態で $y = r$（偏差 0）だったと仮定する．P 制御は偏差に比例するから，$y = r$ だと蛇口

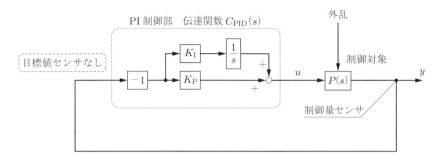

図 2.11 PI 制御の基本構造（定値制御）

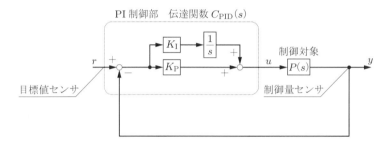

図 2.12 （追値制御に流用した）PI 制御の構成

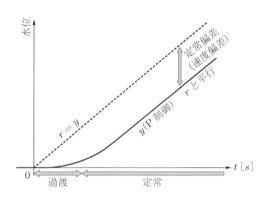

図 2.13 時刻に比例した目標値 r（ランプ入力）に対する制御量 y の応答

を閉じてしまうが，上昇するランプ目標に追従するためには蛇口を開き続ける必要が
ある．この矛盾から，$y = r$ にならないのだ．

最終値の定理 ....

　　定常偏差を厳密に計算するには**最終値の定理**を使う．この定理は，ある関数 $f(t)$ の $t = \infty$ の値を求める式で，

$$f(\infty) = \lim_{s \to 0} s f(s) \tag{2.14}$$

と表される．この式において，偏差は $f(s) = r - y$ であり，$y = (y/r)r = P(s)r$ である．ステップ入力なら $1/s$，ランプ入力なら $1/s^2$ を r に代入する．一次遅れ系なら $1/(Ts + 1)$ を $P(s)$ に代入する．この $f(s)$ を式 (2.14) に代入すると，定常偏差が求められる．

▌問題の解決法

　　定常偏差の解消のために，アシスタントを P 制御に足そう．その狙いは，

$$\text{偏差が 0 になっても，アシスタントが蛇口を開き続ける} \tag{2.15}$$

ことだ．

　　このアシスタントには積分が都合よい．直観的にいえば，積分 $\int_0^t dt$ とは，$t = 0$ から現時点までの「積」み重ねなので，最初の大きな偏差は，その後も積み重なっている．だから，偏差が 0 になっても，P が最初に大きく開いた「初心」を忘れないのだ（p.27 のコラム「積分アシスタントの別解釈」参照）．もう一つの積分の都合のよさは，積分は計算が簡単で都合がよいからだ（積分は時々刻々の足し算なので，プログラミングがしやすい）．このように，アシスタントに積分を使うのは，あくまでも都合がよいからであって，P 制御と同様，物理学や数学の基本原理から導かれるのではない．

　　積分アシスタントを，P 制御の蛇口の開度に足すと，

$$\text{蛇口の開度} = K_{\mathrm{P}} \times (\text{偏差}) + K_{\mathrm{I}} \times (\text{偏差の積分}) \tag{2.16}$$

となる．この式の第 2 項が積分アシスタントだ．

Columun 積分

x の時間軸波形の積分とは，$0 \sim t\,[\mathrm{s}]$ 間の x のグラフの面積を計算することだ．これを数式では

$$\int_0^t x\,dt \tag{2.17}$$

と書く．面積の計算を図解したのが図 2.14 だ．この図の例では，x の波形は直線の組み合わせだが，曲線も同様に，時々刻々と面積を足していくことが積分だ．

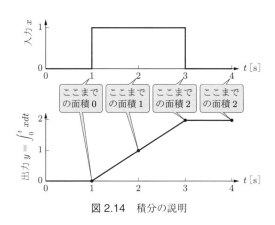

図 2.14 積分の説明

▌制御量の式

式 (2.16)を数式にすると，

$$u = K_\mathrm{P}(r - y) + K_\mathrm{I}\int_0^t (r - y)\,dt \tag{2.18}$$

となる．これが，PI 制御の操作量の式だ．

この式の第 2 項

$$K_\mathrm{I}\int_0^t (r - y)\,dt \tag{2.19}$$

が偏差の積分で，偏差の積分を使った制御を**積分制御**という．積分制御を，英語では Integral control というので，その頭文字から**I 制御**ともいう．K_I は比例定数で，**積分ゲイン**といい，単に**I** ともいう．

ブロック線図

式 (2.18)の積分を，積分の記号 $1/s$ で置き換えると，

$$u = K_{\mathrm{P}}(r - y) + K_{\mathrm{I}}\frac{r - y}{s} \tag{2.20}$$

となり，この式を偏差 $(r - y)$ で整理すると

$$u = \left(K_{\mathrm{P}} + \frac{K_{\mathrm{I}}}{s}\right)(r - y) \tag{2.21}$$

となる．この式の第 1 ( ) が制御器 $C_{\mathrm{PID}}(s)$ で，第 2 ( ) が偏差だから，この式のブロック線図は図 2.15 になる．なお $P(s)$ は，図 2.6 と同様に，$1/s$ としてある．

制御器の伝達関数 $C_{\mathrm{PID}}(s)$ は，上式を偏差で割ったものだから，こうなる．

$$C_{\mathrm{PID}}(s) = \frac{u}{r - y} = K_{\mathrm{P}} + \frac{K_{\mathrm{I}}}{s} \tag{2.22}$$

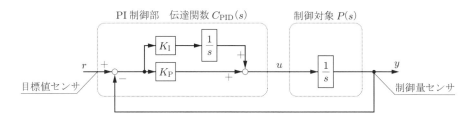

図 2.15 （追値制御に流用した）PI 制御のブロック線図（制御対象 $P(s) = 1/s$）

PI 制御の効果と注意点

図 2.16 のように，$t = 0$ では，PI 制御と P 制御の応答は変わらない．だから I 制御は途中から効いてくる．このように，I 制御は**途中から必要に応じて蛇口を開く制御**だ．だから，PI 制御は，「最初大きく，後小さく，途中から必要に応じて」蛇口を開く制御といえる．

PI 制御を使うと，定常状態で「完全」に $y = r$ にできるが，公差の範囲内なら $y \approx r$ でも制御の目的を達成できるから，定常状態で「完全」に $y = r$ にする必要はない．また，定常偏差の有無や大きさはともかく，P 制御よりも PI 制御のほうが定常状態になるまでの時間は長い．だから，P 制御と PI 制御との使い分けは，条件次第だ．くわしい使い分けは，2.2.1 項で話そう．

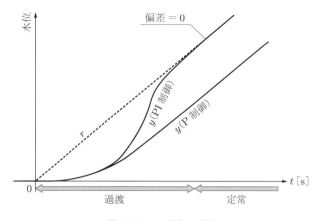

図 2.16 PI 制御の効果

Columun 積分アシスタントの別解釈

　式 (2.19)を図 2.17 で図解する．アシスタントのおかげで，過渡にはあった偏差が定常で 0 になったとして，その偏差を図 2.17 (a) のように模式化する．この注目点は，y が r に追いついたため，定常状態で偏差が 0 になることだ．

　P 制御の蛇口の開度（図 (b)）は偏差（図 (a)）に比例するから，定常状態で蛇口を閉じる．r は速度「一定」で上昇するから，定常状態で，蛇口を一定に開くアシスタント（図 (c)）が必要だ．

　ただし，図 (c) の過渡状態は，どんなつなぎ方でも構わない．そこで，図 (d) のように直線で繋ごう．図 (d) と相似なのが図 (e) だ．図 (e) は偏差 $(r - y)$ の時間積分だから，アシスタントの開度は，偏差の積分に比例する．これを式で書くと

$$\text{アシスタントの開度} \propto \text{偏差の積分} \tag{2.23}$$

となる．式 (2.23)の右辺を数式にしたのが式 (2.19)なのだ．

　積分の都合よさを再確認すると，図 2.17(a) のように，$r - y$ が 0 になった後でも，図 (d) のように積分値は 0 にはならないことだ．

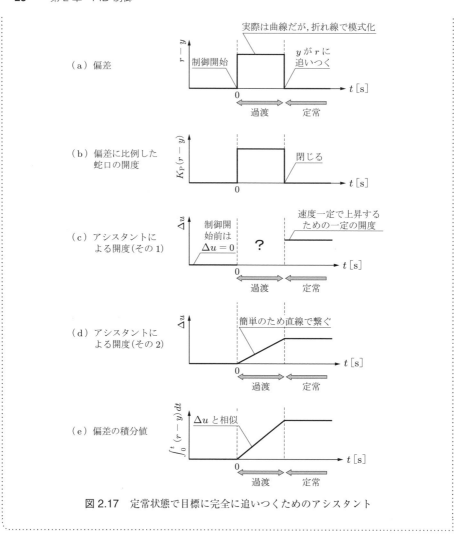

（a）偏差

実際は曲線だが，折れ線で模式化

制御開始　　　y が r に追いつく

過渡　　定常

（b）偏差に比例した蛇口の開度

閉じる

（c）アシスタントによる開度（その 1）

制御開始前は $\Delta u = 0$　　？　　速度一定で上昇するための一定の開度

過渡　　定常

（d）アシスタントによる開度（その 2）

簡単のため直線で繋ぐ

過渡　　定常

（e）偏差の積分値

Δu と相似

過渡　　定常

図 2.17　定常状態で目標に完全に追いつくためのアシスタント

▌積分ゲインの設定

積分ゲイン K_{I} が大きいほど，速く目標値に追いつく（図 2.18(a)）[†]．その理由は，図 (b) の矢印付近では K_{I} が大きいほど開度も大きいからだ．ただし，$t = 0$ での開度は，どんな K_{I} でも P 制御と変わらない．

---

† K_{I} が一定値よりも大きくなると，制御系が不安定になることがある．2.3.1 項参照．

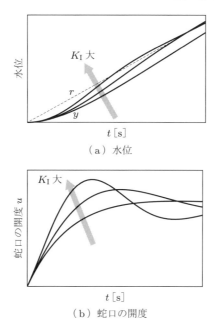

図 2.18　積分ゲイン K_I による応答の変化

2.1.3／狭い意味の PID 制御

PI 制御に微分（Differential）を組み合わせたものが，狭い意味の PID 制御だ．PID 制御は，PI 制御の過渡応答（図 2.16 では $t = 0$ 付近）を改善するために使う．

▎基本構造

PID 制御の基本構造が図 2.19 だ．比例 K_P や $1/s$ と並列に微分 s がある．微分の効きを調整するための定数が，微分ゲイン K_D だ．

図 2.2，2.12 と同様に，追値制御に本来使わない PID 制御を使うと，図 2.20 のようになる．やはり，FF 制御や 2 自由度制御系よりも応答が遅くなりがちになる．

▎PI 制御の問題点

PI 制御で定常偏差がなくせたとすると，目立つ偏差は $t = 0$ 付近の過渡応答だろう（図 2.16）．そこで PI 制御の応答が，$t = 0$ 付近で物足りない理由を考えよう．

PI 制御によって，バケツの目標水位が上昇する（図 2.21 (a)）とき，$t \cong 0$ 付近では，PI 制御はほとんど応答しないから，偏差が徐々に増える（図 (b)）ため，P や I は

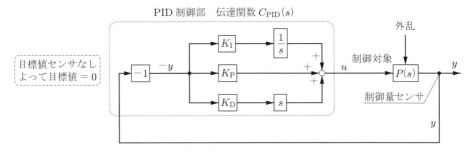

図 2.19　PID 制御の基本構造（定値制御）

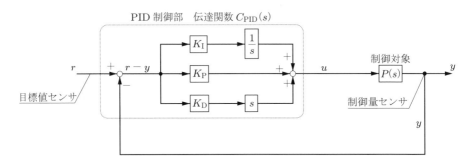

図 2.20　（追値制御に流用した）PID 制御の構成

蛇口を徐々に開く（図 (c), (d)）．一方，時間に比例して水位を上昇させるためには，蛇口の開度を一定にする（図 (e)）必要がある．しかし，P では図 (c) のようにしか開かない．ましてや，I はほとんど開かない．これが過渡応答で PI 制御の応答が物足りない原因だ．

▍基本的発想

　$t = 0$ 付近（過渡状態）の応答をよりよくするための新たなアシスタントを PI 制御に加えよう．その狙いは

$$偏差が増えつつあるとき，アシスタントが蛇口を開く \qquad (2.24)$$

ことだ．このアシスタントには微分が都合がよい．なぜなら，図 2.21 (b) の波形を微分すると，図 (f) になり，図 (f) は図 (e) と相似だからだ．このように，信号の値が小さくても（図 (c) ◌ 部），大きな値を取り出せることが微分の都合のよい点だ．もう一つ，微分が都合がよいのは，やはり計算が簡単だからだ（微分は時々刻々の引き算なので，プログラミングしやすい）．この都合のよさが，アシスタントに微分を使う理由

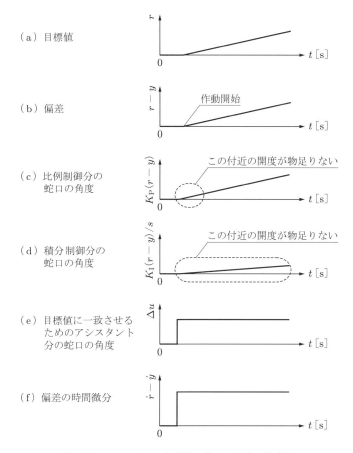

（a）目標値

（b）偏差

作動開始

（c）比例制御分の
蛇口の角度

この付近の開度が物足りない

（d）積分制御分の
蛇口の角度

この付近の開度が物足りない

（e）目標値に一致させる
ためのアシスタント
分の蛇口の角度

（f）偏差の時間微分

図 2.21 $t \cong 0 \ (y \cong 0)$ 付近の蛇口の開度の模式図

だ．繰り返しになるが，物理学や数学の基本原理から導かれるわけではない．

微分アシスタントを PI 制御の式 (2.16)に加えると，

$$蛇口の開度 = K_P \times (偏差) + K_I \times (偏差の積分) + K_D \times (偏差の微分)$$
$$(2.25)$$

となる．右辺第 3 項が微分アシストだ．

▌制御量の式

式 (2.25)を数式で表すと，

$$u = K_{\mathrm{P}}(r - y) + K_{\mathrm{I}} \int_0^t (r - y)dt + K_{\mathrm{D}}\,(\dot{r} - \dot{y}) \tag{2.26}$$

となる．右辺第3項の

$$K_{\mathrm{D}}\,(\dot{r} - \dot{y}) \tag{2.27}$$

が偏差の微分だ．偏差の微分を使った制御を**微分制御**（Differential control）といい，英語の頭文字から **D 制御**ともいう．上式の K_{D} は比例定数で，**微分ゲイン**といい，**D** と略すこともある．

式 (2.26) は，PI 制御と D 制御との組み合わせなので，狭い意味での **PID 制御**だ[†].

▌ブロック線図

式 (2.26) で，微分の記号 s と積分の記号 $1/s$ を使うと，

$$u = K_{\mathrm{P}}(r - y) + K_{\mathrm{I}}\frac{r - y}{s} + K_{\mathrm{D}}s(r - y) \tag{2.28}$$

となる．この式を，制御部と偏差とのかけ算に変形すると，

$$u = \left(K_{\mathrm{P}} + \frac{K_{\mathrm{I}}}{s} + K_{\mathrm{D}}s\right)(r - y) \tag{2.29}$$

となる．この式の右辺第1（　）内が PID 制御部 $C_{\mathrm{PID}}(s)$ であり，第2（　）内が偏差だから，この式のブロック線図は図 2.22 になる．この $P(s)$ は，図 2.6 と同様に，$1/s$ としてある．

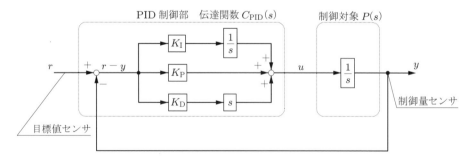

図 2.22　（追値制御に流用した）PID 制御のブロック線図（制御対象 $P(s) = 1/s$）

---

† D 制御だけを P 制御と組み合わせることもあり，これを **PD 制御**という．

制御部の伝達関数 $C(s)_{\mathrm{PID}}$ は，式 (2.29) の両辺を偏差 $(r - y)$ で割った次式だ.

$$C(s)_{\mathrm{PID}} = \frac{u}{r - y} = K_{\mathrm{P}} + \frac{K_{\mathrm{I}}}{s} + K_{\mathrm{D}}s \tag{2.30}$$

Columun　微分

微分とは，波形の傾きだ．制御における波形の傾きとは，それぞれの時刻で

$$傾き = \frac{垂直方向の変化量}{水平方向の変化量} \tag{2.31}$$

となる（厳密には，水平方向の変化 → 0 としたときの式 (2.31) の極限値だ）．この図解が図 2.23 だ．上の図は x の時間軸波形を，下の図はその微分波形を描いている．この例では，x の波形は直線の組み合わせだが，曲線でも同様に，時々刻々の傾きの値を読む．

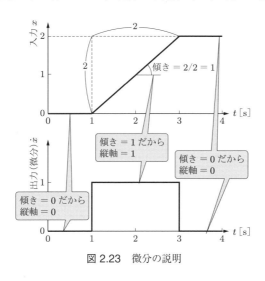

図 2.23　微分の説明

PID 制御の効果

ランプ入力では，$t = 0$ で PI 制御の y は傾きが水平だったが，PID 制御では斜めに立ち上がる（図 2.24）．これが PID 制御による過渡応答の改善効果だ.

D 制御は「過渡状態でだけ」蛇口を開くから，P 制御の「最初大きく」と合わせると，「最初，もっともっと大きく」開く制御だ．だから，狭い意味の PID 制御は「最初もっともっと大きく，後小さく，途中から必要に応じて」蛇口を開く制御といえる.

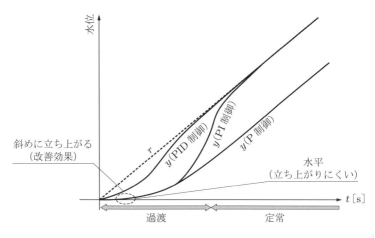

図 2.24　PID 制御の効果

▍制御ゲインの設定

K_D を変えたときの応答の違いを図 2.25 でみてみよう．区間 A では，K_D が大きいほど目標値に近い応答になる [†1]（図 (a)）．しかしその結果，偏差が減り，I や P の操作量も減る（図 (b)）ので，区間 B では，K_D が大きいほど目標値から遠くなる（図 (a)）．だから，PI 制御に D 制御を追加したら，K_P や K_I を大きくする必要がある．

▍ゲインの意味の明確化

式 (2.30) の係数 K_P，K_I，K_D の意味をよりわかりやすくした形が次の式だ．

$$C(s)_{\mathrm{PID}} = K_P \left(1 + \frac{1}{T_I s} + T_D s \right) \tag{2.32}$$

$$\frac{1}{T_I} = \frac{K_I}{K_P} \tag{2.33}$$

$$T_D = \frac{K_D}{K_P} \tag{2.34}$$

この形を，**純 PID 制御**という．純 PID 制御のブロック線図が図 2.26 だ [†2]．

$1/T_I$ や T_D は，K_P に対する K_I や K_D の効きを表す係数だ．コーヒーに例えると，K_P はコーヒーの量で，$1/T_I$ や T_D は，ミルクや砂糖のブレンド比だ．だから，K_P で「L サイズ」，$1/T_I$ や T_D で「砂糖多め」や「ミルク少なめ」を表せる．

---

†1　K_D が大きいほど，操作量波形は荒れやすくなる．2.2.2 項参照．
†2　純 PID 制御の**周波数応答**における $1/T_I$ と $1/T_D$ の意味は，付録 C の図 C.22 に示した．

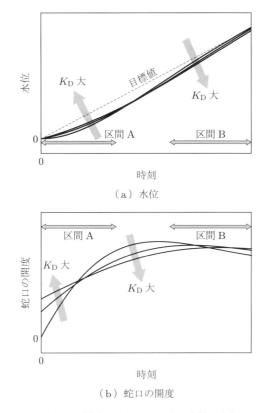

（a）水位

（b）蛇口の開度

図 2.25　微分ゲイン K_D による応答の変化

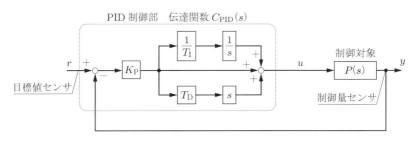

図 2.26　（追値制御に流用した）純 PID 制御のブロック線図

T_I や T_D の単位は s なので，T_I を**積分時間**，T_D を**微分時間**という．また，$1/T_I$ と $1/T_D$ の単位は角周波数 rad/s で，$1/(T_I s)$ や $T_D s$ の単位は無次元だ．なお，T_D の上限は，**サンプリング周期**[†] の $1/50 \sim 1/20$ 程度とされる．

---

† 2.2.2 項で触れる．

2.2／下位バリエーション ••••••••••••••••••••••••••••••••••

PID 制御には，以下 3 種類の下位バリエーションがある．

・定常偏差を減らすための積分のバリエーション

・デジタル化の影響対策として，D や P の配置をかえたバリエーション

・リアルタイムにできない微分をリアルタイム化した近似的な微分のバリエーション

これら三つのバリエーションをカスタマイズできるようになろう．なおこれは，序章でみた制御設計の手順では Step 10 で行うことになる．

2.2.1／定常偏差を減らすためのバリエーション

ステップやランプなど入力の形によって，定常偏差を 0 にするための PID 制御部のバリエーションが違う．その例が図 2.27 だ．この制御部の I は純 PID 制御の I 部の A 部だけでなく，I が 2 重の B 部もある[†]．B 部のような I の直列な重なりを**直列積分**という．直列積分の数 l が，定常偏差対策のためのバリエーションだ．

┃直列積分の数え方

制御器 $C_{\mathrm{PID}}(s)$ と制御対象 $P(s)$ はかけ算の関係にある（図 2.26）から，PID 制御系の性質は，$C_{\mathrm{PID}}(s)P(s)$ 全体で決まる．だから，$C_{\mathrm{PID}}(s)P(s)$ 全体の直列積分の数の合計を数える必要がある．

そこで，図 2.28 のように，まず制御部 $C_{\mathrm{PID}}(s)$ と制御対象 $P(s)$ とを一体（$C_{\mathrm{PID}}(s)P(s)$）としてみる．そして，A 部や B 部のように，I が並列する箇所では，

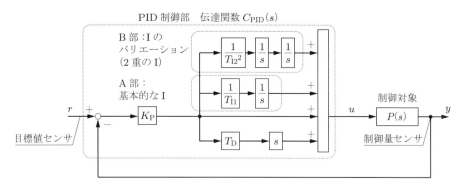

図 2.27　（追値制御に流用した）PID 制御部の 2 重の I の例（B 部）

[†] この制御系に A 部がないと，**不安定**になることがある．くわしくは D.2 節を参照.

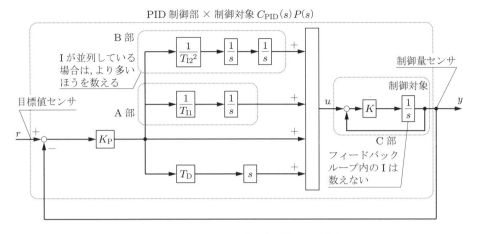

図 2.28 $C_{\mathrm{PID}}(s)P(s)$ 内の直列積分の数え方

より多いほうの直列積分を数える．この場合，A 部は 1 重，B 部は 2 重だから，B 部を 2 と数える．また，B 部と C 部の積分は直列につながってはいるが，C 部のように，$C_{\mathrm{PID}}(s)P(s)$ 内部のフィードバックループ内にある I は直列積分に数えない．したがって，この図の場合，直列積分は 2 個だ．

直列積分の数の単位は**型**で，l 個のことを l **型**という．図 2.28 の制御系なら 2 型だ．

▌ 定常偏差をなくすために必要な直列積分の数

応答の遅さを気にせずに PID 制御を追値制御に流用した場合の直列積分の数と定常偏差との関係を表 2.1 にまとめた．定常偏差を「厳密に」0 にするには，$r=0$ のとき 0 型以上，ステップ入力や一定値の目標値には 1 型以上，ランプ入力には 2 型以上，定加速度入力には 3 型以上が必要だ．

ただし，この型のとおりに設計するのは，あくまでも定常偏差「だけ」を「厳密に」0 にする場合だ．実際の設計では，公差を設定するので，定常偏差を厳密に 0 にする必要はないし，逆に過渡応答も公差に収める必要があるケースもある．過渡応答は，l が大きいほど遅くなるから，模式化入力の定常偏差を厳密に 0 にするために必要な l 型だけでなく，$l-1$ 型や $l-2$ 型も候補に入れておき，定数設計の段階で Simulink で比較して決める†．そのため，PID 制御よりも PD 制御を選ぶべきこともある．

---

† I が多いほど，2.3.3 項で話すゲイン余裕や位相余裕が減る．そのため，I が大きいほど K_{P} を減らさざるを得ないため，応答がより遅くなる．したがって，応答は l が小さいほどよい．

表 2.1　l 型と定常偏差との関係（追値制御流用）

目標値 r / 直列積分の数 l	0	ステップ or 一定値	ランプ入力	定加速度変化
0 型	(初期値を与えた応答)	位置偏差		
1 型	(初期値を与えた応答)		速度偏差	
2 型	(初期値を与えた応答)			加速度偏差

表 2.2　定常偏差を 0 にするために必要な直列積分 l の最小値（定値制御）

外乱	インパルス	ステップ or 一定値	ランプ	定加速度
l の最小値	0 型	1 型	2 型	3 型

　以上は追値制御に流用した場合だったが，PID 制御の本来の使い方である定値制御でも直列積分の数と定常偏差の関係は変わらない．つまり，各種外乱下で $y=0$ の定常状態を保つには，インパルス外乱には 0 型以上，ステップや一定値の外乱には 1 型以上，ランプ外乱には 2 型以上，定加速度外乱には 3 型以上が必要だ（表 2.2）．たとえば，ランプ外乱下の 0〜2 型の応答は，図 2.29 になる．

　なお，一定値（またはステップ）入力時の定常偏差を**位置偏差**，定加速度入力時の定常偏差を**加速度偏差**ということもある．

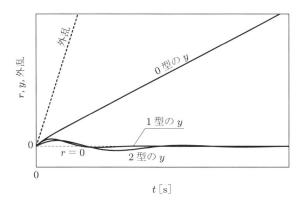

図 2.29 定速度外乱応答の l 型による違い（定値制御）

2.2.2／実際のシステムに対応するためのバリエーション

　実際のシステムでは，操作量の計算にコンピュータを使う．コンピュータで計算する際，本来連続する信号値（物理値）や時刻を，とびとびの値にして計算する．これをデジタル化という．目標値センサのデジタル化の間隔が広すぎると，制御量の波形が乱れることがある．また，これとは別に，アクチュエータには操作限界がある．これらを加味した PID 制御が図 2.30 だ．ここでは，デジタル化しても滑らかな制御量の波形が得られる PID 制御のバリエーションを理解しよう．なお，これらのバリエーションは，そのままの形では応答が遅いため，追値制御に適さないが，次章で話すように追値制御の一部として使われる．

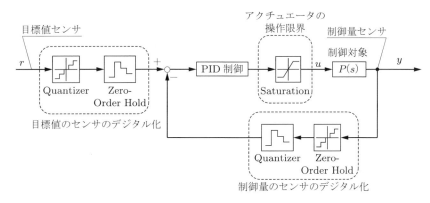

図 2.30 （追値制御に流用した）実際の PID 制御系：信号のデジタル化とアクチュエータの操作限界が PID 制御に足される

デジタル化による信号の波形の変化

　デジタル化には，時間（横軸）のデジタル化（**離散化**）と信号値（縦軸）のデジタル化（**量子化**）がある．

　時間のデジタル化は，**0 次ホールド**ともいう．これは，一定時間ごとに信号値を読み，その値を次に読むまで保つ（図 2.31）．そのため，階段状の波形の「水平部の長さ」が一定だ．0 次ホールドする時間の長さは，別名**サンプリング周期**といい，単位は s だ．0 次ホールドは，Simulink では，**Zero-Oder-Hold** ブロック（表 2.3）を使い，目標値センサや制御量センサの直後におく[†]．

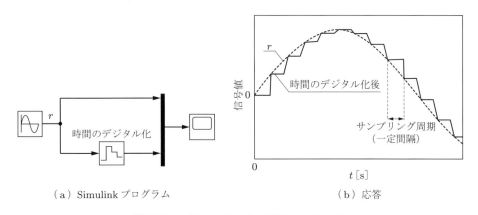

　　　　（a）Simulink プログラム　　　　　　　　　　（b）応答

図 2.31　0 次ホールドによる時間のデジタル化

表 2.3　実際のシステムを表すための Simulink 要素（ノイズの低減は付録 C.4 節参照）

目的	Simulink ブロック	要否
時間のデジタル化 （離散化）	Zero-Order Hold （0 次ホールド）	必須
信号値(物理値)の デジタル化(量子化)	Quantizer （量子化）	必須
アクチュエータの操作限界	Saturation （飽和）	必須
リアルタイムの微分	Transfer Fcn （伝達関数）　$\dfrac{T_D s}{\gamma T_D s + 1}$	微分がある場合のみ
ノイズの低減	Transfer Fcn （伝達関数）　$\dfrac{1}{T_{\text{off}} s + 1}$	ノイズが有意な場合のみ

[†]　演算器の演算周期とアクチュエータの入力周期が違うときなど，システムの構成によっては，制御部と制御対象との間にも配置することがある．

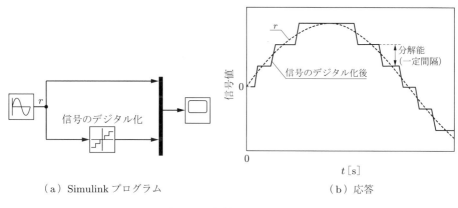

（a）Simulink プログラム　　　　　　　（b）応答

図 2.32　信号のデジタル化

　信号値のデジタル化には，**Quantizer** ブロック（表 2.3）を使い，目標値センサや制御量センサの直後におく．Quantizer による信号値のデジタル化の間隔が分解能だ．

　Quantizer は，信号値を分解能ごとに読み，その分解能を超えるまでその値を保つ（図 2.32）．そのため波形の「階段の高さ」が一定だ．

　時間のデジタル化と信号値のデジタル化との組み合わせが図 2.33 だ．なお，Quantizer ブロックと Zero-Oder-Hold ブロックとの前後関係はどちらでもよい．

　このようなデジタル化によって，滑らかだった目標値波形でも階段状になる（図 2.33(c)）．階段部を拡大したのが図 2.34(a) だ．段差の傾斜部の傾き（= 微分値）は元の波形の傾きよりも大きい．そのため，図 2.34(a) の信号を PID 制御部の D で微分すると，図 (b) のように，トゲ状の波形（**キックという**）になり，制御量の波形が乱れたり（図 2.35 中の拡大部），アクチュエータの消費エネルギーが大きくなりすぎたり，異音や振動が発生することがある．そのため，キック対策のバリエーションが存在する．

　以後，バリエーションの選択に関係のある目標値センサのデジタル化だけに注目する．

▌制御部の D によるキックをさけるためのバリエーション

　キックは，デジタル化された r を微分することによって起こる．そこで，偏差 $(r-y)$ のうちの r の微分をやめて，$-y$ だけ微分する．これが，キック対策のバリエーションの **PI-D 制御**（図 2.36）だ．偏差 $(r-y)$ のうち，r は PI だけを通り，D は通らない．

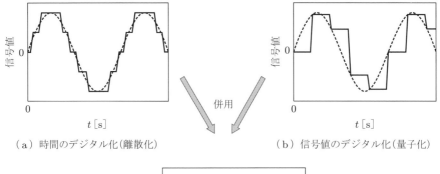

（a）時間のデジタル化（離散化）　　　　　　　（b）信号値のデジタル化（量子化）

併用

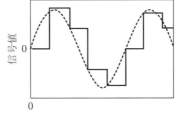

（c）信号値と時間のデジタル化（離散化＋量子化）

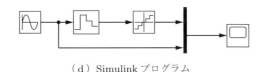

（d）Simulink プログラム

図 2.33　時間と信号のデジタル化

D を通るのは $-y$ だけだ．このブロック線図の意味は，純 PID（図 2.37(a)）の偏差の微分 $(\dot{r} - \dot{y})$ を，$\dot{r}$ 側と $-\dot{y}$ 側とに分けて（図 (b)），$\dot{r}$ 側だけを廃止した残りだ（図 (c)）．

PI-D 制御によって，PID 制御にはあった不連続波形がなくなる（図 2.38）．これが PI-D 制御の効果だ．

PI-D 制御部の式は，PID 制御の式

$$u = K_{\mathrm{P}}(r - y) + K_{\mathrm{I}} \int_0^t (r - y)dt + K_{\mathrm{D}}(\dot{r} - \dot{y}) \qquad (2.26 \text{ 再掲})$$

に $\dot{r} = 0$ を代入した，次の式だ．

$$u = K_{\mathrm{P}}(r - y) + K_{\mathrm{I}} \int_0^t (r - y)dt + K_{\mathrm{D}}(-\dot{y}) \qquad (2.35)$$

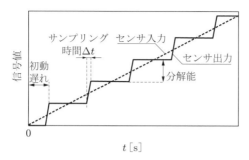

（a）信号値（物理値）

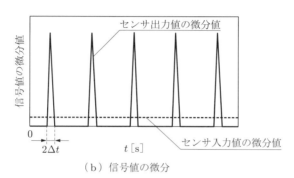

（b）信号値の微分

図 2.34 センサのデジタル化によるキック

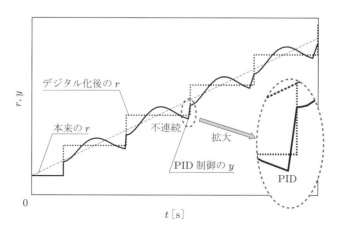

図 2.35 キックによる制御量の不連続波形

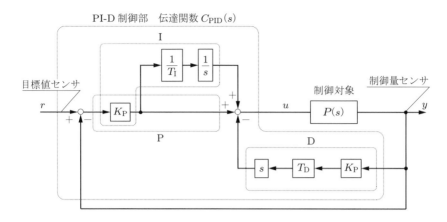

図 2.36 （追値制御に流用した）PI-D 制御のブロック線図

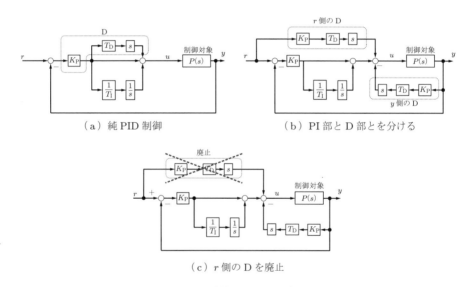

（a）純 PID 制御 （b）PI 部と D 部とを分ける

（c）r 側の D を廃止

図 2.37 PI-D 制御のブロック線図の図解

制御部の P による応答悪化も避けるためのバリエーション

分解能の粗さによっては，PI-D 制御でも，制御量の波形が不連続になったり，ア
クチュエータの消費エネルギーが大きくなりすぎたり，異音や振動が出たりすること
がある（図 2.39）．このとき使うバリエーションが，PI-D 制御の r の比例もやめた，
I-PD 制御（図 2.40）だ．このブロック線図の意味は，PID 制御（図 2.41(a)）の P と
D を，偏差 $(r-y)$ の r 側と $-y$ 側とに分けて（図 (b)），P と D の r 側を廃止した残

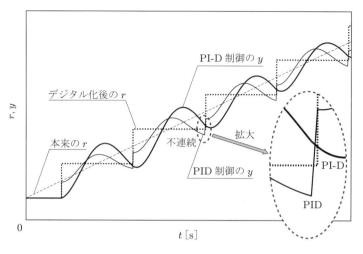

図 2.38 PI-D 制御の効果

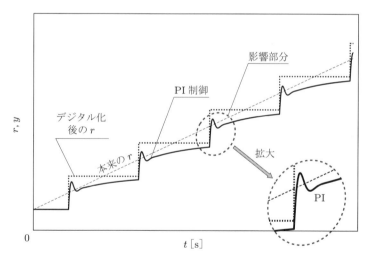

図 2.39 PI 制御におけるキックの影響

りだ（図 (c)）.

　I-PD 制御の効果の例が図 2.42 だ．I-PD 制御化によって，拡大部の乱れが減る．
I-PD 制御の式は，PID 制御の式

$$u = K_{\mathrm{P}}(r - y) + K_{\mathrm{I}} \int_0^t (r - y)dt + K_{\mathrm{D}} (\dot{r} - \dot{y}) \qquad (2.26 \text{再掲})$$

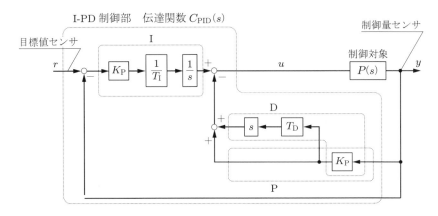

図 2.40 （追値制御に流用した）I-PD 制御のブロック線図

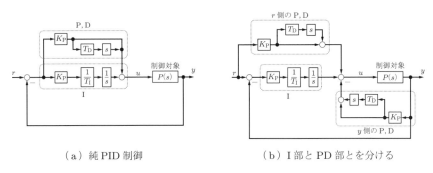

（a）純 PID 制御　　　　　　　　　　（b）I 部と PD 部とを分ける

（c）r 側の PD 部廃止

図 2.41 I-PD 制御のブロック線図の図解

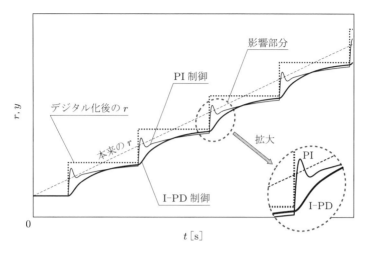

図 2.42 I-PD の効果（PI 制御との比較）

に $r = \dot{r} = 0$ を代入した，次の式だ.

$$u = K_{\mathrm{P}}(-y) + K_{\mathrm{I}} \int_0^t (r - y)dt + K_{\mathrm{D}}(-\dot{y}) \tag{2.36}$$

Columun **追値制御と定値制御の共存**

　表 1.1 に示したように，目標値センサを使う制御が追値制御，使わない制御が定値制御だ．PI-D 制御では，r は P や I を通るが D は通らない．だから PI-D 制御は，追値制御としての PI 制御と定値制御としての D 制御の組み合わせだ．同様に，I-PD 制御は追値制御としての I 制御と定値制御としての PD 制御の組み合わせだ．

　このように，PI-D 制御や I-PD 制御は追値制御と定値制御が共存する制御といえる.

2.2.3／微分のリアルタイム対応

　厳密には，リアルタイムの微分はできない．なぜなら，現在時刻の微分は，過去の値と未来の値の差を時間差で割ったものだが，未来の値はわからないからだ．そこで使うのがリアルタイム計算が可能な**近似微分**だ．純 PID 制御（図 2.26）の微分時間 T_{D} と近似微分とを一体化することで，近似微分を 1 ブロックで扱えるようにする（図 2.43）．その式は，こうなる.

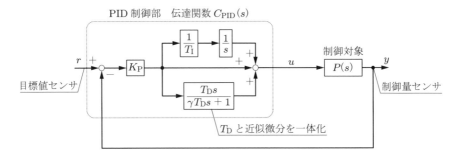

図 2.43　（追値制御に流用した）純 PID 制御の T_D を近似微分と一体にした制御系

$$T_\mathrm{D}s \approx \frac{T_\mathrm{D}s}{\gamma T_\mathrm{D}s + 1} \qquad (2.37)$$

　近似微分は，微分と一次遅れ系とのかけ算だ．分母の s の係数 γT_D が時定数だから，信号の値が変化してから，微分器としてはたらきだすまでの時間の目安が γT_D だ（図 2.44）．γ が小さいほど，微分器としての動作に近づく．一方，一次遅れ系は**ローパスフィルタ**としてもはたらく[†]から，γ が大きいほどキックやノイズを通しにくい．だから，キックやノイズが大きいほど，γ を大きくせざるを得ない．なお，$1/\gamma$ を**微分ゲイン**という．これをゲインという理由は 3.3.4 項のコラム「近似微分の FF 制御的理解」を参照してほしい．

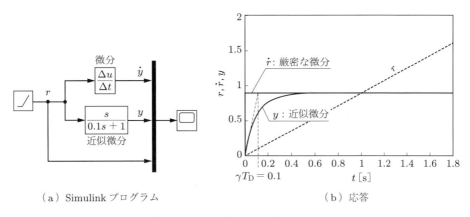

（a）Simulink プログラム　　　　　　　　（b）応答

図 2.44　近似微分と完全な微分の応答の比較 $(T_\mathrm{D} = 1,\ \gamma = 0.1)$

---

† 付録 C.4.2 項参照.

アクチュエータの操作限界の飽和要素による表現

　前項の表 2.3 の **Saturation**（飽和要素）は，アクチュエータによる操作量などの限界を表す要素だ．飽和要素の特性が図 2.45，応答が図 2.46 だ．飽和の上下限値にはアクチュエータの操作限界値を設定する．Saturation ブロックは，図 2.30 に示すように，制御部 $C(s)$ と制御対象 $P(s)$ との間に配置する．

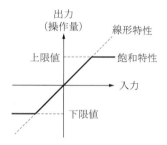

図 2.45　飽和特性による操作量の上下限の表現

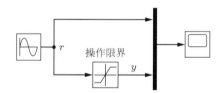

（a）Simulink プログラム

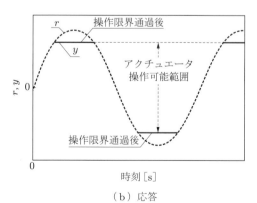

（b）応答

図 2.46　飽和特性の応答

2.2.4／バリエーション選択のまとめ

　定値制御としての PID 制御のバリエーションは，定常偏差対策の I の数だ（表 2.4）．ただし，定常偏差を 0 にするための l 型だけでなく，l-1 型や l-2 型も候補にする．

　追値制御に流用した PID 制御は応答遅れがあるため，そのままでは追値制御に適さないが，次章で話す 2 自由度制御の一部として使われる．このバリエーションは，定常偏差対策のための I と，追値制御に使う場合の目標値センサ波形の滑らかさとの組み合わせだ（表 2.5）．選択では，まず，目標値センサ波形の滑らかさから，PID か PI-D か I-PD かを決める．次に，定常偏差対策が不要な場合は I を省く．ただし，I-PD のときは I の省きようがないので，I-PD のままだ．また，I の数の考え方は，定値制御と同じだ．

表 2.4　PID 制御のバリエーション選択（定値制御の場合）

外乱	インパルス	ステップ or 一定値	ランプ	定加速度
l の最小値	0 型	1 型	2 型	3 型

表 2.5　PID 制御のバリエーション選択（追値制御の場合）

	・目標値センサの微分値使用可能 ・制御量センサのみ使用	・微分値使用不可能 ・比例値使用可能	・比例値の使用不可能
公差に収めるために I が一つ以上必要	PID	PI-D	I-PD
I がなくても公差に収まる	PD	P-D	I-PD

2.3／手際よい定数設計 ●●●●●●●●●●●●●●●●●●●●●●●●●●●●●●

　制御量を目標値に近づけるためには，P や D，I の制御定数を大きくしたいが，大き過ぎると制御系が不安定になることがある．また，不安定でなくても，不安定一歩手前の定数では，制御量波形が振動的になりすぎて，公差に収まりにくい．したがって，適切な定数とは「不安定まで遠からず，近からず」であり，これを試行しながら探すのが，定数設計だ．

　ここでは，より少ない試行でより適切な値に設定できる**手際よい定数設計**を身に着けよう．結論までの説明が長いので，先を急ぐ方や結論を頭に入れたうえで説明を読みたい方は，結論部である 2.3.3 項の「適切な応答波形の目安」に飛んでほしい．また，定数設計の具体例は第 II 部にある．

2.3.1／安定と不安定の定義

　目標値が 0 で一定のときに（図 2.47(a)），制御量もいつかは 0 になること（図 (b)）を**安定**といい，0 にならないこと（図 (c)，(d)）を**不安定**という（ただし，制御量の初期値は 0 でなく，外乱はないとする）．

　不安定のうち，図 (c) を**発散**，図 (d) を**持続**と区別する．持続は，不安定と安定の境目なので，持続のことを**安定限界**ともいう．また，安定や不安定を包括して**安定性**という．なお制御量の波形が振動的か非振動的かは，安定性と関係ない．

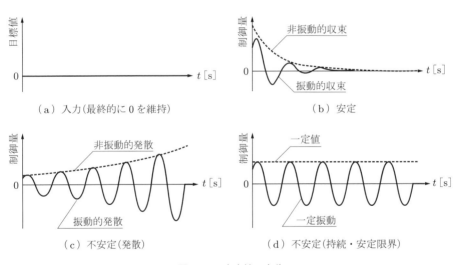

図 2.47　安定性の定義

2.3.2／安定限界の条件

　PID 制御系が安定限界になる条件は，sin 波入力を $C_{\mathrm{PID}}(s)P(s)$ に加えたとき，ある角周波数 ω で出力が -1 になる，つまり，**絶対値 = 1 かつ位相角**[†]**$-180°$ の組み合**

[†] 付録 B.1 節参照.

わせになることだ[†1]．これを式にすると，安定限界は

$$C_{\mathrm{PID}}(j\omega_{-180°})P(j\omega_{-180°}) = -1 \tag{2.38}$$

だ[†2]．ここで，$\omega_{-180°}$ は，$C_{\mathrm{PID}}(j\omega)P(j\omega)$ の位相角が $-180°$ になる ω[†3] だ．

$C_{\mathrm{PID}}(j\omega_{-180°})P(j\omega_{-180°})$ が -1 以下のときは制御系は不安定になり，逆に，$C_{\mathrm{PID}}(j\omega_{-180°})P(j\omega_{-180°}) > -1$ のときは安定になる[†4]（表 2.6）．

表 2.6　安定限界の条件

安定性	$C_{\mathrm{PID}}(j\omega_{-180°})P(j\omega_{-180°})$	絶対値
安定	-1 よりも大きい（例：$-1/2$）	1 未満（例：$1/2$）
安定限界	-1	1
不安定	-1 以下（例：-2）	1 以上（例：2）

表 2.6 中の安定限界の絶対値の「1」をレベル表示[†5]すると，0 dB だ[†6]．このように，表 2.6 の単位を dB に直したのが表 2.7 だ．

表 2.7　位相遅角が $-180°$ になる周波数 $\omega_{-180°}$ における制御系の安定条件

安定性	$C_{\mathrm{PID}}(j\omega_{-180°})P(j\omega_{-180°})$ のゲイン	ゲインの例
安定	0 dB よりも小さい	-6 dB（$1/2$ 倍）
安定限界	0 dB	0 dB
不安定	0 dB 以上	$+6$ dB（2 倍）

この表のボード線図[†7]での意味が図 2.48 だ．$\omega_{-180°}$ のとき 0 dB（安定限界）のところに ● 印をつけてある．ゲインの線が ● を通ると安定限界（図 (b)）で，● の上を通ると不安定（図 (c)），下を通ると安定（図 (a)）だ．なお，安定限界の「-1」は，ボード線図では 0 dB が「1」を，$-180°$ が「$-$」を表す．

---

†1　付録 D.3 節参照．

†2　$C_{\mathrm{PID}}(j\omega)P(j\omega)$ の値は一般に複素数だが，特殊な ω で実数になることがあり，それが，表 2.6 だ．この条件のさらにくわしい意味は付録 D.3 節にある．

†3　ω [rad/s] と，1 秒間あたりの波の数の周波数 f [Hz] とには $\omega = 2\pi f$ の関係がある．

†4　$C_{\mathrm{PID}}(j\omega_{-180°})P(j\omega_{-180°}) < 0$ とする．

†5　付録 B.1 節参照．

†6　$C_{\mathrm{PID}}(j\omega_{-180°})P(j\omega_{-180°})$ のレベルは $20\log_{10}|C_{\mathrm{PID}}(j\omega_{-180°})P(j\omega_{-180°})|$ で表される．

†7　付録 B.1 節参照．

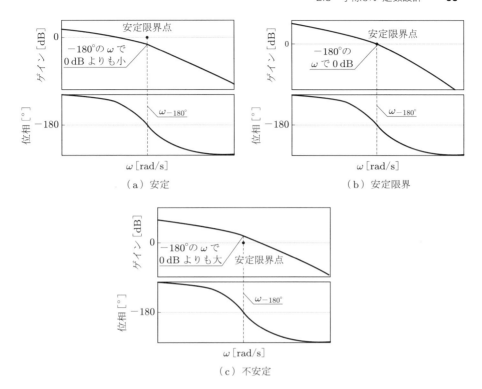

図 2.48 $C_{\mathrm{PID}}(s)P(s)$ の周波数応答による安定性の見分け方：
横軸 $\omega = \omega_{-180°}$，縦軸 0 dB の点とゲインとの関係に注目する

Tips　伝達関数の安定・不安定の見分け方 ....

伝達関数 $G(s)$ が安定か不安定かを見分ける手順はこうだ．まず

$$G(s) \text{ の分母} = 0 \tag{2.39}$$

の形の式を作る．この形の式を**特性方程式**という（特性方程式とは，入力 0 のときに，$G(s)$ の応答（いわば自由振動）が満たすべき条件式のことだ）．
　たとえば，後で紹介する式 (3.14) である，

$$P(s) = \frac{-0.5s + 1}{s^2 + 0.5s + 2}$$

の特性方程式はこうだ．

$$s^2 + 0.5s + 2 = 0 \tag{2.40}$$

次に，特性方程式を s について解く．たとえば，式 (2.40)を解くと，こうなる．

$$s = -0.25 \pm 1.39j \qquad\qquad (2.41)$$

j は**虚数**単位 $(j = \sqrt{-1})$ だ．根のうち，j がつく項を**虚部**，つかない項を**実部**という．

　方程式を解いた結果を一般に**根**とか**解**というが，特性方程式の根や解を，とくに**極**という．$-0.25 \pm 1.39j$ がこの場合の極だ．

　伝達関数の安定性は極の実部で決まり，極の実部が負なら安定（図 2.49(b)），実部が 0 か正ならば不安定だ．実部が正の例が図 (c)，0 の例が図 (d) だ．また，図 (b)〜(d) のうち振動的波形は極に虚部があり，非振動的波形には虚部がない．これが図 (b)〜(d) の区別法だ．なお，安定な極を**安定極**，不安定な極を**不安定極**という．

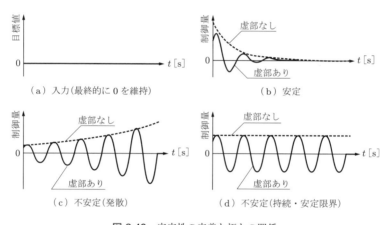

図 2.49　安定性の定義と極との関係

　この方法で制御系の安定性を判別するには，あらかじめ制御系全体の伝達関数を求めておく（A.3 節参照）．

2.3.3／安定限界までの適切な間合い

　適切な定数とは「不安定まで遠からず，近からず」だ（2.3 節冒頭）．その間合い，つまり「安定限界までの遠さ」を**安定余裕**という．これが定数の適切さの指標だ．ここでは安定余裕を Simulink の波形から推測できるようになって，定数を手際よく決めらるようになろう．

安定余裕の指標

　安定余裕の指標は二つある．**位相余裕** P_m と**ゲイン余裕** G_m だ（図 2.50）．G_m は，安定限界点（図 2.48(b)）までの遠さをゲインで表したものだ．安定限界は，位相角 $-180°$ になる角周波数 $\omega_{-180°}$ で $0\,\mathrm{dB}$ だから，ゲインが $0\,\mathrm{dB}$ よりも小さいほど安定余裕がある．そこで，$\omega_{-180°}$ での dB 値のマイナス側の大きさ G_m をゲイン余裕という．G_m が大きいほど安定余裕がある．

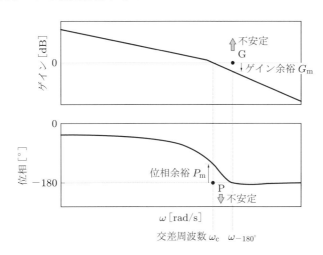

図 2.50　$C_\mathrm{PID}(s)P(s)$ の周波数応答による安定余裕の定義

　G_m は，安定限界の条件「-1」（表 2.6）のうち，「$-$」を固定して，「1」までの遠さを表したものだ．逆に，「1」を固定して「$-$」までの遠さで表したのが P_m だ．「1」倍は $0\,\mathrm{dB}$ だから，「$C_\mathrm{PID}(s)G(s)$ **が $0\,\mathrm{dB}$ になる角周波数** ω_c」のときの位相角の $-180°$ までの遠さが P_m だ（図 2.50）．P_m が大きいほど安定余裕がある．

　G_m を式にすると，

$$G_\mathrm{m} = -20\log|C_\mathrm{PID}(j\omega_{-180°})P(j\omega_{-180°})| \tag{2.42}$$

となり，単位は dB だ．

　P_m を式にすると，

$$P_\mathrm{m} = \angle C_\mathrm{PID}(j\omega_\mathrm{c})P(j\omega_\mathrm{c}) + 180° \tag{2.43}$$

となり，単位は ° だ．このときの，ω_{c} を **交差周波数** [†1] という．ω_{c} の大きさは，FB 制御系の応答の速さの目安でもある．

$C_{\mathrm{PID}}(s)P(s)$ によっては，G_{m} が決まらないことがある [†2] ので，P_{m} のほうがより汎用性がある．そこで，P_{m} をより重視し，G_{m} は参考扱いにする．

▍安定余裕と制御量波形との関係

安定余裕は，制御量や操作量の波形の**振動の様子**から察しがつく．その理由はこうだ．$C_{\mathrm{PID}}(s)P(s) = \omega_{\mathrm{n}}^2/(s^2 + 2\zeta\omega_{\mathrm{n}}s)$ のとき，制御系全体の伝達関数は振動を表す二次遅れ系 [†3] $\omega_{\mathrm{n}}^2/(s^2 + 2\zeta\omega_{\mathrm{n}}s + \omega_{\mathrm{n}}^2)$ になり，このとき，P_{m} は

$$P_{\mathrm{m}} \cong 100\zeta \tag{2.44}$$

だ [†4]．ζ は減衰比とよばれる係数で，ζ が大きいほど振動がより早く収まるから，P_{m} が大きいほど振動が早く収まる．だから，振動の様子から P_{m} の察しがつくのだ．これは，二次遅れ系以外でも同様 [†5] だ．

▍適切な応答波形の目安

安定余裕の大きさには二つの推奨値（表 2.8）がある．振動のより早い収まりを優先する**減衰重視**と応答の速さを優先する**速さ重視**だ．

減衰重視は，振動が少ない，滑らかな制御量波形になり，速さ重視は，偏差が小さくなるが振動が多い．どちらを選ぶのかは，Simulink で模式化入力を与えて比較するが，悩むときは減衰重視が無難だ [†6]．

K_{P} の大雑把な目安として，速さ重視の K_{P} の値は，減衰重視の 2 ～ 3 倍くらいだ

表 2.8　安定余裕の推奨値（減衰重視が一般的）

狙い	P_{m}	ζ	G_{m} （参考）
減衰重視	40 ～ 65°	0.4 ～ 0.65	10 ～ 20 dB
速さ重視	16° 以上	0.16 以上	3 ～ 10 dB

[†1]　交差とは，$C_{\mathrm{PID}}(s)P(s)$ の周波数応答のゲイン線と 0 dB の軸との交差 (cross) を表す．

[†2]　たとえば，$C_{\mathrm{PID}}(s)P(s) = 10/(s+1)$ のゲインが 0 dB になる ω が存在するが，位相角が $-180°$ になる ω は存在しない．

[†3]　付録 C.5 節参照．

[†4]　この式が成り立つのは $P_{\mathrm{m}} < 70°$ のときだ．

[†5]　付録 E 節参照．

[†6]　たとえば，現代制御の**最適レギュレータ**を使うと，$P_{\mathrm{m}} = 60°$ になるので，これも減衰重視の一例だ．

$(1/T_{\mathrm I}$ や $T_{\mathrm D}$ が一定ならば).

$P_{\mathrm m}$ が適切な応答波形の目安を図 2.51 に示す. 注目点は, 波形が定常状態になるまでの, 目に見える山の数 (**収束周期**という) や, 1 山目の高さと 2 山目の高さとの比率だ. なお, 定常偏差は気にしてはいけない. この波形をイメージして定数設計するので, この波形を必ず覚えてほしい. そこで, この波形をとくに強調して, **相場観**とよぼう. 減衰重視と速さ重視の収束周期の目安を表 2.9 にまとめた. この表の「程度」とは ±3 割くらいだ.

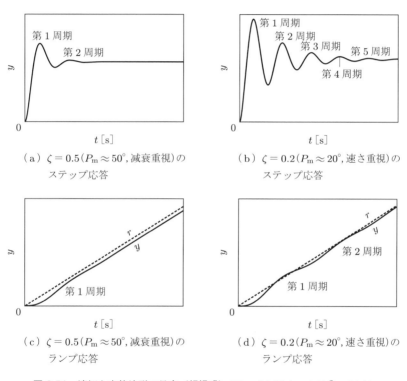

（a）$\zeta = 0.5 (P_{\mathrm m} \approx 50^\circ,$ 減衰重視)の
ステップ応答

（b）$\zeta = 0.2 (P_{\mathrm m} \approx 20^\circ,$ 速さ重視)の
ステップ応答

（c）$\zeta = 0.5 (P_{\mathrm m} \approx 50^\circ,$ 減衰重視)の
ランプ応答

（d）$\zeta = 0.2 (P_{\mathrm m} \approx 20^\circ,$ 速さ重視)の
ランプ応答

図 2.51　適切な応答波形の目安（相場感）$(C_{\mathrm{PID}}(s)P(s) = 1/(s^2 + 2\zeta s))$

表 2.9　相場感の収束周期の目安（程度：±3 割くらい）

狙い	ステップ入力	ランプ入力
減衰重視 （一般的）	2 周期程度	1 周期程度
速さ重視 （一応比較）	4〜5 周期程度	2 周期程度

2.3.4／定数設計の手順

　定数設計の手順は，Simulink で制御量や操作量の時間軸波形をみながら，相場感（図 2.51，表 2.9）に合うように，$K_\mathrm{P} \to T_\mathrm{I} \to T_\mathrm{D} \to \gamma$ の順に決めることだ（γ は式 (2.37) のパラメータだ）．安定余裕と公差を同時に満たせるとは限らないから，偏差や公差は最終段階になってから注目しよう．

　具体的な手順はこうだ．

　まず，P 制御に，デジタル化（量子化と離散化）と操作量の飽和をつけ，模式化入力を加える．その制御量と操作量の波形をみながら，K_P を調整して相場感の応答を作る．次に，I を足して，PI 制御で相場感よりも収束周期がやや増える程度に T_I を調整する．さらに，近似微分を足して，PID 制御の波形が再び相場感になるように T_D を調整する（$\gamma = 0.1$ 固定）．T_D を 0 から増やすと収束周期は減るが，増やしすぎると収束周期は増えてしまうので気をつけよう．最後に，操作量のキックに注目して γ を決める．これが 1 セット目だ．

　2 セット目は，PID が全部揃った状態で 1 セット目の値から始めて，$K_\mathrm{P} \to T_\mathrm{I} \to T_\mathrm{D} \to \gamma$ の順に再調整する．その際，K_P や T_D をなるべく増やす側で調整する．これは，ω_c を増やして，制御系の応答をより速くするためだ．

　3 セット目以降も，2 セット目の手順を繰り返す．何セットか繰り返していくうちに，制御量が公差に収まり，適値（妥協点）がみえてきたら，P_m（や G_m）を確認する．P_m が表 2.8 の範囲に入っていれば適切な定数が設定できたことになる．

　制御量が公差に収まらないとき，次の 3 つに分かれる．

 i) 過渡応答が収まらない場合：応答を速めるために，1 セット目の PI 制御波形を作る際，P を増やし，I を減らしてから，定数設計をやり直す．

 ii) 定常応答が収まらない場合：定常偏差を減らすために，1 セット目の PI 制御波形を作る際，P を減らし，I を増やしてから，定数設計をやり直す．

 iii) 過渡も定常も収まらない場合：コンセプト設計をやり直す．

　以上は P や I，D がすべて揃っていることを前提にしたが，揃っていない場合は，使用するものの制御定数だけを調整する．その際，各セットの最後が相場感になるようにする．たとえば，PI 制御の場合は I を追加すると収束周期が増えるので，P 制御の段階で収束周期を相場感よりも少な目にしておこう．なお，直列積分が 2 個必要なときは，まず直列積分 1 個の状態で P，I，D の適値を決めてから，2 重の積分を足す．

このとき，1重の積分は外さないようにする．

　また，制御定数の細かさは，1セット目は有効数字1桁程度で，2セット目から徐々に細かくしていこう．

　なお，操作限界のため，収束周期が読みにくいときは，飽和ブロックを外す．模式化入力の定常部が短すぎて，収束周期が読みにくいときは，定常部を延長するか，純粋なランプ入力やステップ入力を使う．どちらの場合も，制御量波形が公差に収まることを確認するときは，飽和ブロックを加え，正しい模式化入力を使おう．

　模式化入力の形状によっては，第1周期の波形が乱れることがある．このようなときは第2周期付近の応答を相場感と比べるか，純粋なランプ入力かステップ入力を使おう．

　以上のように，相場感をもとに，制御量や操作量の波形を目でみながら定数を設計することが，手際よい定数設計なのだ．

第3章

フィードフォワード制御と
2自由度制御系

　目標値センサをもつ制御が追値制御だ. 追値制御に使う FF 制御や 2 自由度制御系
は, 目標値から論理的に決まる「必要十分」な量の操作をするため, そうでない PID
制御[†] よりも応答が速い. また, 外乱（の原因側）を目標値にすれば, 外乱を打ち消
す操作もできる. この章では, FF 制御と 2 自由度制御系のしくみを理解し, その理
解に基づいて設計できるようになろう.

3.1／もっとも基礎的なフィードフォワード制御 ･･･････････････

　ここでは, FF 制御のもっとも基礎的しくみを理解しよう. そのしくみとは, FF 制
御部を, 制御対象 $P(s)$ の逆数 $1/P(s)$ にすることだ. このしくみを直接使った FF 制
御を作れるようになろう.

3.1.1／基本的発想

　FF 制御の基本的発想は「傾向と対策」だ. これを営業所に例えるとこうなる. あな
たは営業所の所長だとする. あなたの部下に, 売り上げがノルマの常に「半分」のセー
ルスマンがいる. 彼に 10 万円を売り上げて貰うためにはどうしたらよいだろう？ 答
えは「20 万円のノルマを与える」ことだろう.「20 万円のノルマ」は, 10 万円（目標
値）の 2 倍であり, 2 倍とは,「半分」の逆数だ. したがって, セールスマン（制御対
象）の伝達関数の逆数 $1/P(s)$ を使うとノルマ（操作量）が計算できるのだ.

3.1.2／基本構造

　図 3.1 が FF 制御の基本構造だ. FF 制御は目標値 r だけを使って操作量 u を決め
るから, 信号は, 目標値→制御部→操作量→制御対象 $(P(s))$→制御量 (y) と, 前進方
向（フォワード）にだけ流れる. この制御部 $C_{ff}(s)$ を $1/P(s)$ にすると, $y = r$ にで
きる.

[†] PID 制御は, 偏差を目標値として使い, 操作量も適当だった.

図 3.1　FF 制御の概念図

3.1.3／しくみ

FF 制御のしくみは，制御部 $C_{\mathrm{ff}}(s)$ を，制御対象 $P(s)$ の逆数（逆関数ともいう）にすることだ．式にするとこうだ†．

$$C_{\mathrm{ff}}(s) = \frac{1}{P(s)} \tag{3.1}$$

フィードフォワードのしくみを確認するために，例として次の $P(s)$ の FF 制御部 $C_{\mathrm{ff}}(s)$ を計算してみよう．$P(s)$ を

$$P(s) = \frac{1}{s+1} \tag{3.2}$$

とすると，式 (3.2) の逆数が $C_{\mathrm{ff}}(s)$ だから，こうなる．

$$C_{\mathrm{ff}}(s) = \frac{1}{P(s)} = s+1 \tag{3.3}$$

この式を検算してみよう．式 (3.2)，(3.3) を図 3.2(a) のブロック線図に代入すると，

$$y = C_{\mathrm{ff}}(s)P(s)r = (s+1) \cdot \frac{1}{s+1}r = r \tag{3.4}$$

となり，確かに $y = r$ になる．図 3.2(a) のブロック線図の計算結果（図 (b)）からも，$y = r$ になることが確認できる．$y = r$ になるのは，図 (c) の u のように，r よりも大きな「ノルマ」を $P(s)$ に課している（操作している）からだ．

---

† $1/P(s)$ は制御対象 $P(s)$ の逆関数なので，$P^{-1}(s)$ と書くこともある．

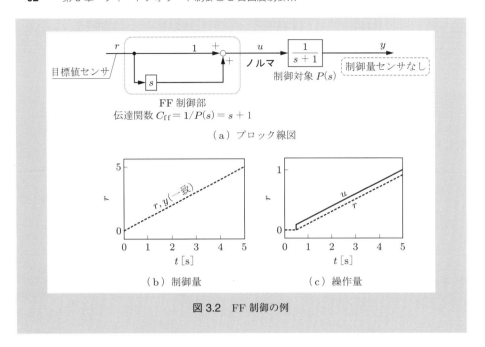

（a）ブロック線図

（b）制御量　　　　　　　　　（c）操作量

図 3.2　FF 制御の例

　上記の例の制御を一般的に説明すると，図 3.3 のようなブロック線図になる．この図から

$$y = C_{\mathrm{ff}}(s)P(s)r \tag{3.5}$$

だ．この式に，

$$C_{\mathrm{ff}}(s) = \frac{1}{P(s)} \tag{3.1 再掲}$$

を代入すると

$$y = C_{\mathrm{ff}}(s)P(s)r = \frac{1}{P(s)}P(s)r = r \tag{3.6}$$

となる．このように，$y = r$ となる $C_{\mathrm{ff}}(s)$ が $P(s)$ から決まる．

目標値
r → 制御部　伝達関数 $C_{\mathrm{ff}}(s) = 1/P(s)$ → u ノルマ → 制御対象 伝達関数 $P(s)$ → 制御量 y

$$u = \frac{r}{P(s)}$$

$$y = r$$

図 3.3　FF 制御の概念図

これがもっとも基礎的な FF 制御だ．ただし，$P(s)$ によっては，演算器内部で $1/P(s)$ をリアルタイムに計算できなかったり，目標値波形との相性が悪かったりすることがある [†1]．そのため，フィードフォワード制御にも各種のバリエーションが存在する．

3.1.4／逆数の近似式を使った FF 制御

ここでは，より実用的な FF 制御として，逆数の近似式の使い方を身につけよう．制御対象 $P(s)$ を，

$$P(s) = \frac{y}{u} = \frac{b_n s^n + b_{n-1}s^{n-1} + \cdots + b_1 s^1 + b_0}{a_m s^m + a_{m-1}s^{m-1} + \cdots + a_1 s^1 + a_0} \tag{3.7}$$

と書くと，この逆数が FF 制御部 $C_{\mathrm{ff}}(s)$ になる．つまりこうだ．

$$C_{\mathrm{ff}}(s) = \frac{1}{P(s)} = \frac{a_m s^m + a_{m-1}s^{m-1} + \cdots + a_1 s^1 + a_0}{b_n s^n + b_{n-1}s^{n-1} + \cdots + b_1 s^1 + b_0} \tag{3.8}$$

この形の式の厳密な計算は，できないことがある [†2]．そこで，上式 (3.8) を s の 1 次式で近似する．具体的にはこうだ．

$$C_{\mathrm{ff}}(s) = \frac{1}{P(s)} \cong \frac{a_0}{b_0}\left(\frac{a_1 b_0 - a_0 b_1}{a_0 b_0}s + 1\right) \tag{3.9}$$

これを **1 次式 FF 制御**とよぼう [†3]．この s の項は，PID 制御の 2 型と同じく，ランプ応答の定常偏差をなくす（図 2.21(f)）[†4]．そのため，1 次式 FF 制御はランプ入力的な模式化入力に向いている．

また，式 (3.8) の s の 0 次式近似として，式 (3.8) に $s = 0$ を代入した

$$C_{\mathrm{ff}}(s) \cong \frac{a_0}{b_0} \tag{3.10}$$

を**定数項 FF 制御**とよぼう．定数項 FF 制御は，PID 制御の 1 型と同じく，位置偏差をなくすので，ステップ的な模式化入力（の定常部）に向く．

このように，1 次式 FF 制御や定数項 FF 制御を模式化入力に応じて使い分ける（序章表 1 の Step 10）．

[†1]　3.1.5 項の「一つ目」参照．
[†2]　3.4 節参照．
[†3]　この近似は，b_1/b_0 が 1 よりも小さいほど，近似精度が高い．
[†4]　この s は，D と同様，実際には近似微分で置替える．

3.1.5／使用上の注意

FF制御は成り立たないことがある.

一つ目は,模式化入力と$1/P(s)$との相性が悪いときだ.たとえば,2.1.1項のバケツの水入れ制御のFF制御 $(1/P(s) = s)$ とステップ入力との組み合わせだ.s(微分)がはたらくのは,ステップ入力ではステップが立ち上がる瞬間だけだから,微分値が生じる時間も0だ.そのため,制御量も0だから,本来まったく動かないので,ステップと相性が悪い.逆に,常に微分値一定のランプ入力では動くので,相性がよい.

二つ目は,制御対象が不安定なときだ(3.3.5項参照).

三つ目は,変動や外乱が大きいときだ.たとえば,エアコンの目標値が25℃だとする.室温(制御量)が25℃よりも高ければクーラー,低ければヒーターとして動かなければならないから,室温センサ(制御量センサ)が必要だ.だから,制御量センサのないFF制御は成り立たない.また,製造公差,経時変化などによる$P(s)$の変動が無視できないときも,FFだけでは制御できない.

これらの点に気をつけて,模式化入力に対して,FF制御だけで公差を満たせるかどうかを判断する.満たせればFF制御を使い,そうでなければ,2自由度制御系を使い,2自由度制御系も成立しなければ,PID制御を使う.これらの要点をまとめたものが表3.1だ.

表3.1 FF制御の成立性

FF制御の成立性	FF単独使用	使用制御系
成立	可能	FF制御
成立	不可能	2自由度制御系
不成立		PID制御

3.2／2自由度制御系 ●

FF制御だけでは追値制御が成り立たないとき,PID制御の助けを借りるのが2自由度制御系だ.2自由度制御系では,目標値センサだけでなく制御量センサも使う分,より精度の高い制御ができる.ここでは,2自由度制御系やそれを応用したFF制御のしくみを理解し,その理解にもとづいて設計できるようになろう.

3.2.1／基本的発想

2自由度制御系を営業所に例えると，こうだ．

あるセールスマンは，好調な日はノルマの6割，不調な日はノルマの4割を売り，平均すると売上はノルマの半分だ．その彼に10万円売ってほしい．そこで所長のあなたは，20万円のノルマを与えた（FF制御）．しかし，その日の彼はやや不調で，9万円の売り上げで営業所に帰ってきた．目標まで1万円の未達成だ．

所長のあなたが彼にするべきことは，「**もう一度売りに行け！**」ということだろう．問題は指示する金額だ．目標を達成するには残りの1万円だけ売ればよいが，1万円と言うと，彼は目標を達成しないだろう（平均するとノルマの半分しか売らないから）．だから，1万円をよい加減に**水増**する（PやI，Dをかける）．

この PID で水増しされた「もう一度売りに行け！」と，元の FF 制御の「ノルマ」を足したものを操作量 u として制御する（図 3.4）．これが 2 自由度制御系の基本的発想だ．

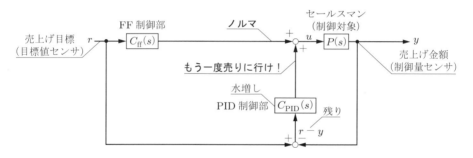

図 3.4　2 自由度制御系の基本的発想

3.2.2／基本構造

図 3.5 が 2 自由度制御系の基本構成だ．まず，目標値センサで検出した r を使って，FF 制御部 C_{ff} が，制御対象 $P(s)$ を操作する．それによる制御量 y を制御量センサで検出し，加算点で偏差 $(r-y)$ を計算する．この $r-y$ を，PID 制御部 C_{PID} の P や I，D を通して，再び制御対象を操作する．この PID 制御部の操作量と FF 制御部の操作量とを加算点で足した値が，最終的な操作量 u だ．

2 自由度制御系では，目標値と偏差という二つの情報を別々に使うから，目標値だけの FF 制御や，偏差だけの PID 制御よりも，よりよい応答になる．また，PID 制御部は，もともと定値制御だから，外乱も抑えられる．ただし複数のセンサが必要にな

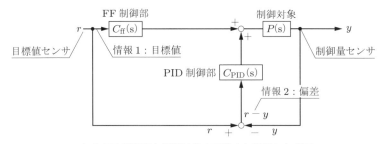

（a）FF 制御部と制御対象を直線上に配置した表記

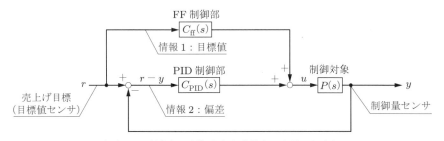

（b）PID 制御部と制御対象を直線上に配置した表記

図 3.5 2自由度制御系の基本構造：図 (a) と (b) は等価

るので，FF 制御よりも費用がかかりやすい（それでも PID 制御と同額だ）．

なお，FF 制御部と PID 制御部がそれぞれ安定なら，2自由度制御系は安定であり，それぞれの安定性は互いに無関係だ．

3.2.3／しくみ

FF 制御だけでは $y \approx r$ にできない場合を想定しよう．この偏差 $(r-y)$ を P や I，D に通した量も使って操作すると，図 3.5(a) では，下側の加算点→ $C_{\mathrm{PID}}(s)$ →上側の加算点→ $P(s)$ →制御量センサ→下側の加算点を周回するフィードバックループができる．そのため，フィードバック原理[†]によって $y \approx r$ になる．これが2自由度制御系のしくみだ．

図 3.5(a) の上側の加算点で FF 制御系から加わる信号は，フィードバック系にとっては外乱だ．しかし，普通の外乱と違って，$r-y$ をより 0 に近づけるようにはたら

[†] 2.1.1 項のコラム「FB 制御とフィードバック原理」参照

く，ありがたい外乱である.

2自由度制御系の効果の例を図3.6の制御系で示そう．この制御対象は $P(s) = 1/(s+1)$ だから，本来のFF制御部は $1/P(s) = s+1$ だ．ここでは2自由度制御系の説明のため，FF制御だけで $y = r$ にならないように，$C_{\mathrm{ff}}(s) = 1$ としよう（定数項FF制御）．この2自由度制御系の応答例が図3.7だ．定数項FF制御だけやPID制御だけの場合よりも，両者を組み合わせた2自由度制御系のほうが，目標値に近い．これが，2自由度制御系の効果だ.

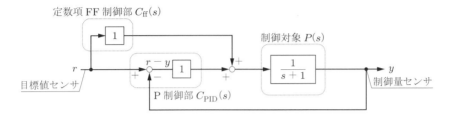

図 3.6　定数項FF制御とP制御との組み合わせによる2自由度制御系の例
（図3.5(b) に対応した表記）

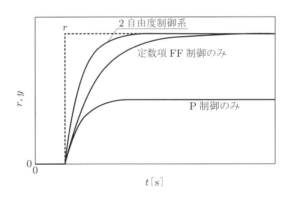

図 3.7　2自由度制御系（図3.6）の効果

 FF 制御 vs FB 制御

FF制御よりもFB制御を勧める旨が教科書に散見される．しかし，両者は対立関係にはなく，補完しあうことが可能である．それが2自由度制御系なのだ.

3.2.4／バリエーション

2 自由度制御系のバリエーションは，（FF 制御のバリエーション）×（PID 制御の
バリエーション）の組み合わせだ．FF 制御部には，定数項 FF 制御に限らず，1 次式
FF 制御や 3.4 節で紹介する高次逆関数式 FF 制御など，何を使ってもよい．FF 制御
部と PID 制御部に共通するのは，目標値センサの分解能によるバリエーション変化
だ．目標値の微分でキックが出るときは，目標値の D が使えないから，定数項 FF と
PI-D 制御とを組み合わせる．目標値の比例でもキックが出るときは，目標値の P も
D も使えないから，I-PD 制御を使う．注意する点は，PID 制御部の l 型の選択だ．な
ぜなら，FF 制御部によって，模式化入力に対する定常偏差が 0 になることがあるか
らだ．そこで，FF 制御部の l 型相当分も加味して PID 制御部の l を決める．ただし，
制御量が公差に収まればよいから，定常偏差が 0 になる l 型だけではなく，l-1 型や l-2
型も候補にする．

PID 制御部の定数設計では，まず，FF 制御部を外して行い，その状態で相場感に
合うようにする．I があれば，次に，FF 部を追加して，定常偏差の観点から，I の効
きを落とせそうなら落とす．さらに再度，FF を外し，T_I を固定したうえで，P と D
を調整して，相場感になるようにする．

3.3／2 自由度制御系を応用した FF 制御 ••••••••••••••••••••••••••••••••

ここでは，最も実用的な FF 制御のバリエーションを身につけよう．これは，いわ
ば，「制御量センサを使わない 2 自由度制御系」だ．制御量は，センサのかわりに演
算器「内部」でシミュレートする．この FF 制御を**内部 2DOF 式 FF 制御**とよぼう．
DOF は「自由度」（Degrees Of Freedom）の略だ．制御設計では，序章表 1 の Step
10 である，細部構造設計で行う．

3.3.1／基本構造

図 3.8 が内部 2DOF 式 FF 制御の基本構造だ．

内部 2DOF 式 FF 制御内部の制御対象は，実際の $P(s)$ を模擬した伝達関数 $\hat{P}(s)$†
だ．2 自由度制御系の FF 制御部には，$1/\hat{P}(s)$ か，その近似式を使い，これに PID 制

---

† $\hat{P}(s)$ と $P(s)$ とを区別する理由は，製造公差や経時変化などで $P(s)$ が設計値からズレることがあるため
　だ．

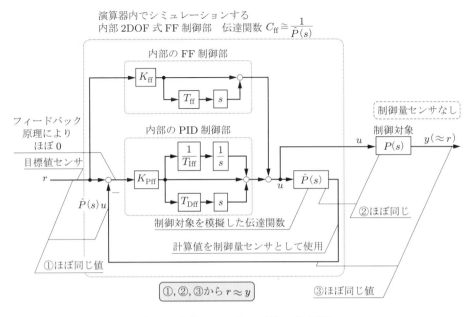

図 3.8　内部 2DOF 式 FF 制御の基本構造

御部を組み合わせる．この 2 自由度制御系を演算器の中でシミュレートし，得られた操作量 u を演算器から取り出して，実際の制御系の操作量として，FF 制御する．

3.3.2／しくみ

　内部 2DOF 式 FF 制御の演算器の中の操作量 u を使って実際の $P(s)$ を操作すると，制御量 y と目標値 r が $r \approx y$ になる．

　その理由はこうだ．図 3.8 では，一番左の加算点についてフィードバック原理[†]から，

$$r \approx \hat{P}(s)u \qquad \cdots\cdots\text{①}$$

となる．また，

$$P(s) \approx \hat{P}(s) \qquad \cdots\cdots\text{②}$$

だから，実際の制御対象からの y は，② を使うと，

[†]　2.1.1 項のコラム「FB 制御とフィードバック原理」参照．

$$y = P(s)u \approx \hat{P}(s)u \qquad \cdots\cdots \text{③}$$

になる．よって，① と ③ より

$$r \approx \hat{P}(s)u \approx y$$

だから，$r \approx y$ になるのだ．

このように，$r \approx y$ になる u を C_{ff} が計算するから，間接的に $C_{\mathrm{ff}} \approx 1/P(s)$ となる．

3.3.3／効果

内部 2DOF 式 FF 制御の効果を，図 3.9(a) の制御系を例に示そう．この制御対象は

$$P(s) = \frac{1}{s^2 + s + 1} \tag{3.11}$$

だ．この 1 次式 FF 制御を求めると，式 (3.9)から，

$$\frac{1}{P(s)} = s^2 + s + 1 \approx s + 1 \tag{3.12}$$

となる．この右辺の s を近似微分 $s/(0.1s + 1)$ に置き換えたものが，図 3.9(a) 内の「1 次式 FF 制御部」だ．これに，点線部の「PID 制御部」を足したのが内部 2DOF 式 FF 制御である．この応答は，$t = 0$ の付近で，1 次式 FF 制御よりも速く立ち上がる（図 3.9(b)）．これが内部 2DOF 式 FF 制御の効果だ．

3.3.4／バリエーション

広い意味での内部 2DOF 式 FF 制御のバリエーションが，内部 2DOF 式 FF 制御（図 3.10(a)）から FF 制御部を省いた**内部 PID 式 FF 制御**（図 (b)）だ．この PID 制御部に I-PD 制御を使うことで，キックに対応できる．

狭い意味での内部 2DOF 式 FF 制御のバリエーションは，2 自由度制御系と同じだ．

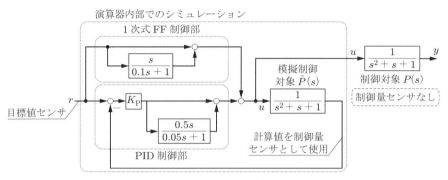

（a）ブロック線図

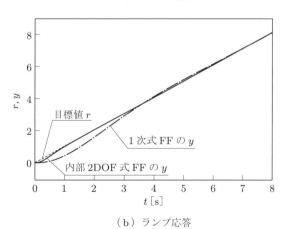

（b）ランプ応答

図 3.9 内部 2DOF 式 FF 制御の効果

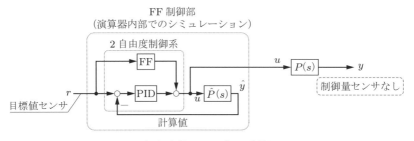

（a）内部 2DOF 式 FF 制御

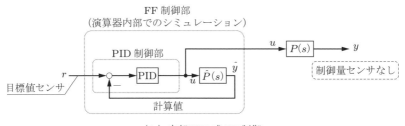

（b）内部 PID 式 FF 制御

図 3.10 広い意味での内部 2DOF 式 FF 制御のバリエーション

Columun　近似微分の FF 制御的理解

　内部 PID（P 制御）式 FF 制御で作った微分器が図 3.11 だ．この $\hat{P}(s)$ は，微分 s の逆数の $1/s$（積分）だから，u/r の伝達関数はほぼ，$1/s$ の逆数の s（微分）になる．正確には，図 3.11 における u/r は

$$\frac{u}{r} = \frac{s}{\gamma s + 1} \tag{3.13}$$

だから，近似微分の式

$$T_{\mathrm{D}}s \approx \frac{T_{\mathrm{D}}s}{\gamma T_{\mathrm{D}}s + 1} \tag{2.37 再掲}$$

に $T_{\mathrm{D}} = 1$ を代入したものと同じだ．したがって，図 3.11 が近似微分の原理を表すブロック線図だ．$1/\gamma$ が図中の比例「ゲイン」なので，$1/\gamma$ を**微分ゲイン**という．なお，$T_{\mathrm{D}} \neq 1$ のときの近似微分のブロック線図は，r と加算点との間に比例ゲイン T_{D} を入れて，γ を γT_{D} に置き換えたものだ．

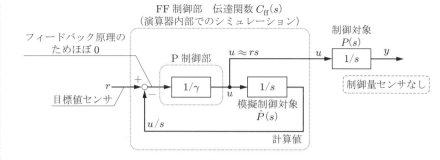

図 3.11　内部 PID 式 FF 制御による近似微分：フィードバック原理によって，$u/s \approx r$ だから $u \approx rs$ になり，$1/\gamma$ が大きいほど $u = rs$ に近づく

3.3.5／不安定な $1/P(s)$ の安定化

ある種の $P(s)$ を FF 制御すると不安定になることがある．その安定化法として，P や D の効きをあえて抑える方法を身につけよう．これは，制御設計の手順（序章表 1）の Step 11 であり，定数設計で必要な知識だ．

FF 制御が不安定になりやすい $P(s)$ とは，たとえば，分子の s の係数が負の

$$P(s) = \frac{-0.5s + 1}{s^2 + 0.5s + 2} \tag{3.14}$$

だ．これを**不安定零点** [1] がある伝達関数という．

不安定零点のある $P(s)$ の「完全」な逆数 $1/P(s)$ を FF 制御部に使うと，制御系は不安定になる．1 次式 FF 制御や定数項 FF 制御なら，たいていの場合，完全な $1/P(s)$ ではないから，不安定にならない．では，PID 制御ではどうだろうか？　まず，応答波形からみてみよう．不安定零点があると，$P(s)$ は，入力された瞬間，入力と逆方向にフェイントのように動く [2]（図 3.12）．フェイントでできた偏差を「すぐに」0 にしようと PID 制御すると，フェイントに引っかかって非振動的に発散してしまう [3]．

それなら，フェイントが終わるまで待ってから，おもむろに偏差を減らせばよい．

---

[1]　不安定零点の正式な定義は，本項のコラム「不安定零点と FF 制御の安定性」参照．

[2]　分子が s の 3 次式以上のとき，係数が異符号でなくても，逆方向に動くことがある．本項のコラム「$P(s)$ 分子の符号と不安定零点」参照．

[3]　フェイントがあると，正のステップ波形が入力された瞬間，制御量 $\hat{y}$ は負になる．すると，ステップを入力した瞬間よりも，偏差 $r - \hat{y}$ が増える．偏差が増えた「瞬間に」操作量 u を増やすと，$\hat{y}$ はさらに負側に増える．そのため，偏差もさらに増えるから，u はさらに増えるので，$\hat{y}$ はますます負側に増える．この繰り返しで，応答の速い PID 制御では，非振動的に発散するのである．

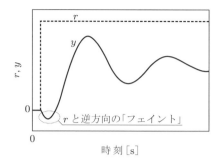

図 3.12　不安定零点がある伝達関数のステップ応答

だから，不安定零点がある $P(s)$ では，応答を遅らせるために P や D を小さめにする（D を省略することもある）ことで，PID 制御を成り立たせる．この P, D が小さめの PID 制御と，1 次式 FF 制御などと組み合わせて，内部 2DOF 式 FF 制御にすると，応答はよりよくなる（図 3.13）．

　不安定零点と FF 制御の安定性

　$1/P(s)$ の安定・不安定の見分け方はこうだ．$P(s)$ が

$$P(s) = \frac{y}{u} = \frac{b_n s^n + b_{n-1} s^{n-1} + \cdots + b_1 s^1 + b_0}{a_m s^m + a_{m-1} s^{m-1} + \cdots + a_1 s^1 + a_0} \qquad (3.7 \text{ 再掲})$$

の形のとき，$1/P(s)$ の特性方程式に相当するのは，

$$P(s) \text{ の分子} = 0 \qquad (3.15)$$

の式だ．この式を**分子多項式**という．式 (3.14) の分子多項式は

$$-0.5s + 1 = 0 \qquad (3.16)$$

だ．この式の根はこうだ．

$$s = 2 \qquad (3.17)$$

このような $P(s)$ の分子多項式の根をとくに**零点**といい，式 (3.17) のように，実部が正の零点を**不安定零点**という．

　不安定零点のある $P(s)$ を $1/P(s)$ にすると，不安定零点は分母にくるから，不安定極になる．だから，不安定零点のある $P(s)$ の「完全な逆数」$1/P(s)$ を使うと，FF 制御は不安定になる．そこで，不安定零点があるときは逆数を「適度に不完全」にして，FF 制御を安定にするのだ．

　なお，不安定零点のない $P(s)$ を最小位相推移系とか，最小位相系ということもある（制御工学には「一見さんお断り」みたいな，とっつきにくい用語が多いですねぇ）．

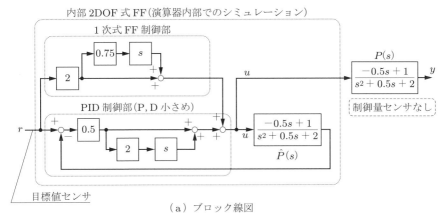

（a）ブロック線図

（b）内部 2DOF 式 FF 制御の不安定零点対策効果

図 3.13　$1/P(s)$ が不安定なときの追値制御とその効果 $(1/P(s) \approx 2(0.75s+1))$

 内部不安定・外部安定

式 (3.14) の逆数は

$$\frac{1}{P(s)} = \frac{s^2 + 0.5s + 2}{-0.5s + 1} \tag{3.18}$$

だ．これを FF 制御部として使い，式 (3.14) を制御すると，

$$y = \frac{1}{P(s)}P(s)r = \frac{s^2 + 0.5s + 2}{-0.5s + 1} \cdot \frac{-0.5s + 1}{s^2 + 0.5s + 2}r = r \tag{3.19}$$

となり，第 1 項分母の不安定極と第 2 項分子の不安定零点とが打ち消しあって，$y = r$ の関係が成り立つ．これを**外部安定**という．ただし，不安定零点のフェイントに引っかかって，操作量 u は無限大になってしまう．これを**内部不安定**という．

不安定零点のある FF 制御の他書での扱い

　「$P(s)$ に不安定零点があるとき，FF 制御は不安定になるので，FF 制御が成立しない」旨の説明をみかけるが，この前提は，FF 制御に完全な $1/P(s)$ を使うこと，いいかえると「常に $y = r$」にすることだ．一方，FB 制御では，「常に $y = r$」はありえない（2.1.1 項のコラム「FB 制御とフィードバック原理」参照）から，この前提条件は FB 制御よりも厳しい．そこで，FF 制御の前提条件を FB 制御並みに緩めて，$y \approx r$ とすれば，FF 制御が成立するのだ．

Tips　$P(s)$ 分子の符号と不安定零点

　式 (3.14)のように，$P(s)$ の分子の s の各次の符号が「すべて同符号」ではないなら，不安定零点がある．その理由はこうだ．式 (3.7)の分子多項式

$$b_n s^n + b_{n-1} s^{n-1} + \cdots + b_1 s^1 + b_0 = 0 \tag{3.20}$$

は，逆数 $1/P(s)$ の特性方程式だ．一方，付録 D.2 で紹介するフルビッツの安定判別によって，$1/P(s)$ が安定であるための必要条件は，$1/P(s)$ の特性方程式の s の各次の符号が「すべて同符号」である必要がある．だから，$P(s)$ の分子の s の各次が「すべて同符号」ではないなら，不安定だから，$P(s)$ に不安定零点があるのだ．

　また，フルビッツの安定判別では，式 (3.20)の s の各次数「すべての項が存在する」ことも安定のための必要条件だ．たとえば，分子の s^1 の項がない

$$P(s) = \frac{0.5s^2 + 1}{s^2 + 0.5s + 2} \tag{3.21}$$

の零点も不安定だ．

　なお，「s の各次の符号がすべて同符号」はあくまでも必要条件で，必要十分条件ではないので，すべて同符号かつすべての項が揃っていても，不安定零点があることもある．

 MATLAB による不安定零点の有無の確認法

　式 (3.20)の形の分子多項式の零点を MATLAB で計算するには，roots コマンドを使う．具体的には

$$\texttt{roots}([b_n \quad b_{n-1} \quad \cdots \quad b_1 \quad b_0]) \tag{3.22}$$

と入力（各係数は数値．各数値間は半角空白区切り）し，Enter キーを押すと，零点の値が出力される．実部が正か 0 の零点が一つでもあれば不安定零点があり，一つもなければ不安定零点はない．

3.3.6／2 自由度制御系化

内部 2DOF 式 FF 制御も 2 自由度制御系の FF 制御部に使える．注意する点は I の配置だ．ステップ入力やランプ入力時は，この FF 制御だけで定常偏差を 0 にできるから，本来，追加する PID 制御は 0 型の PD 制御だ．

ただし，$P(s) = \hat{P}(s)$ とは限らないので，その誤差によっては定常偏差が生じる．そこで，この定常偏差を 0 にするため，内部 2DOF 式 FF 制御内に I がある場合は，その I を，PID 制御部に移動させて，狭い意味の PID 制御にしておこう．

3.4／目標値を微分してもキックが出ない場合の FF 制御 ⋯⋯⋯⋯

ここでは，$P(s)$ の式から，なるべく厳密な $1/P(s)$ の式を作る**高次逆関数式 FF 制御**の設計法（序章の表 1 では Step 10 で行う内容）を身につけよう．これは，逆数式 FF 制御よりも正確で，もちろん内部 2DOF 式 FF 制御の FF 部にも使える．ただし，これには使用条件があって，デジタル化後の目標値センサの波形を微分してもキックが出ないほど滑らかで，かつ $P(s)$ に不安定零点がないことが必要だ．

3.4.1／伝達関数の次数

$1/P(s)$ を演算器内で数値計算するとき，微分が必要だったり，不要だったりする．$1/P(s)$ の数値計算に微分が不要な伝達関数とは，

$$\text{分母の } s \text{ の次数} \geq \text{分子の } s \text{ の次数} \tag{3.23}$$

だ．これを**プロパー（な伝達関数）**という[†]．
プロパー（な伝達関数）の中で，とくに

$$\text{分母の } s \text{ の次数} > \text{分子の } s \text{ の次数} \tag{3.24}$$

のものを**厳密にプロパー（な伝達関数）**といい，

$$\text{分母の } s \text{ の次数} = \text{分子の } s \text{ の次数} \tag{3.25}$$

のものを**厳密ではないプロパー（な伝達関数）**という．また，

[†] 真分数を英語では proper fractions という．

$$\text{分母の } s \text{ の次数} < \text{分子の } s \text{ の次数} \tag{3.26}$$

のものを**プロパーでない**（伝達関数）という.

このように，$1/P(s)$ を，厳密にプロパー，厳密ではないプロパー，プロパーでない，の三つに分けて考えていく.

Columun　**プロパーの別表現** ⋯⋯⋯⋯⋯⋯⋯⋯⋯⋯⋯⋯⋯⋯⋯⋯⋯⋯⋯⋯⋯⋯⋯⋯

「分母の s の次数 − 分子の s の次数」を**相対次数**という．プロパーな伝達関数は「相対次数 ≥ 0」で，厳密にプロパーな伝達関数は「相対次数 ≥ 1」，厳密ではないプロパーは「相対次数 $= 0$」，プロパーでないのは「相対次数 ≤ -1」だ．

3.4.2／$1/P(s)$ が厳密にプロパーなとき

このときは，微分が不要だ．したがって，式 (3.8) をそのまま $C_{\mathrm{ff}}(s)$ とする.

例として，次の $P(s)$ のとき，高次逆関数式 FF 制御の $C_{\mathrm{ff}}(s)$ を計算してみよう.

$$P(s) = s + 1 \tag{3.27}$$

この式の逆数は

$$\frac{1}{P(s)} = \frac{1}{s+1} \tag{3.28}$$

だから，$1/P(s)$ は厳密にプロパーなので，これがそのまま $C_{\mathrm{ff}}(s)$ だ．したがって

$$C_{\mathrm{ff}}(s) = \frac{1}{P(s)} = \frac{1}{s+1} \tag{3.29}$$

となる.

このときの応答は常に $y = r$ になるので，あらゆる入力波形に対して定常でも過渡でも偏差がない.

3.4.3／$1/P(s)$ が厳密ではないプロパーなとき

このときは，$1/P(s)$ を「定数+厳密にプロパー」な形に変形して，微分を不要にする．

例として，次の $P(s)$ の，高次逆関数式 FF 制御の $C_\text{ff}(s)$ を求めてみよう．

$$P(s) = \frac{s+1}{s+2} \tag{3.30}$$

この逆数を変形することによって，$C_\text{ff}(s)$ は次のようになる．

$$C_\text{ff}(s) = \frac{1}{P(s)} = \frac{s+2}{s+1} = 1 + \frac{1}{s+1} \tag{3.31}$$

式 (3.8) で厳密ではないプロパーなのは，$m = n$ のときだ．$m = n$ のときの式 (3.8) を「定数+厳密にプロパー」に分けると，こうなる．

$$C_\text{ff}(s) = \frac{1}{P(s)} \tag{3.32}$$

$$= \frac{a_m s^m + a_{m-1} s^{m-1} + \cdots + a_1 s^1 + a_0}{b_m s^m + b_{m-1} s^{m-1} + \cdots + b_1 s^1 + b_0}$$

$$= \frac{a_m}{b_m} + a_m \frac{\left(\dfrac{a_{m-1}}{a_m} - \dfrac{b_{m-1}}{b_m}\right) s^{m-1} + \cdots + \left(\dfrac{a_0}{a_m} - \dfrac{b_0}{b_m}\right)}{b_m s^m + b_{m-1} s^{m-1} + \cdots + b_1 s^1 + b_0} \tag{3.33}$$

このときの応答も常に $y = r$ になるので，あらゆる入力波形に対して定常でも過渡でも偏差がない．

3.4.4／$1/P(s)$ がプロパーでないとき

このときは，プロパーではないので $1/P(s)$ の計算に微分が必要だが，リアルタイムに微分できないので，厳密には $y = r$ にできない．そこで，$y = r$ の近似として

$$y = \frac{1}{(zs+1)^{m-n}} r \tag{3.34}$$

とする．z は 1 よりも十分小さい数で，単位は s だ（z の決め方は例の後で話す）．m や n は式 (3.8) 中のものだ．式 (3.34) を式 (3.5) の y に代入すると，こうなる．

$$C_\text{ff}(s)P(s) = \frac{1}{(zs+1)^{m-n}} \tag{3.35}$$

この式の両辺を $P(s)$ で割ると,

$$C_{\text{ff}}(s) = \frac{1}{(zs+1)^{m-n}} \cdot \frac{1}{P(s)} \tag{3.36}$$

となる.

例として,次の $P(s)$ の高次逆関数式 FF 制御の $C_{\text{ff}}(s)$ を計算してみよう.ただし,$z = 0.01$ とする.

$$P(s) = \frac{0.5}{s^2 + 2s + 1} \tag{3.37}$$

この式の逆数は,

$$\frac{1}{P(s)} = \frac{s^2 + 2s + 1}{0.5} \tag{3.38}$$

だから,プロパーでない.この式を式 (3.8) と比べると,$m = 2$,$n = 0$ だから,$m - n = 2$ だ.これと $z = 0.01$ を式 (3.35) に代入すると,

$$C_{\text{ff}}(s)P(s) = \frac{1}{(0.01s+1)^2} \tag{3.39}$$

だ.だから,$C_{\text{ff}}(s)$ はこうなる.

$$
\begin{aligned}
C_{\text{ff}}(s) &= \frac{1}{P(s)} \cdot \frac{1}{(0.01s+1)^2} \\
&= \frac{s^2 + 2s + 1}{0.5(0.01s+1)^2} = 20000 - \frac{396s + 19998}{(0.01s+1)^2}
\end{aligned} \tag{3.40}
$$

一般的にはこうだ.式 (3.36) の $1/P(s)$ に式 (3.8) を代入して,展開すると,

$$C_{\text{ff}}(s) = \frac{a_m s^m + a_{m-1} s^{m-1} + \cdots + a_1 s^1 + a_0}{c_m s^m + c_{m-1} s^{m-1} + \cdots + c_1 s^1 + c_0} \tag{3.41}$$

の形になる.ここで,$c_m, c_{m-1}, \ldots, c_1, c_0$ は係数だ.この式は

$$C_{\text{ff}}(s) = \frac{a_m}{c_m} + a_m \frac{\left(\dfrac{a_{m-1}}{a_m} - \dfrac{c_{m-1}}{c_m}\right) s^{m-1} + \cdots + \left(\dfrac{a_0}{a_0} - \dfrac{c_0}{c_m}\right)}{c_m s^m + c_{m-1} s^{m-1} + \cdots + c_1 s^1 + c_0} \tag{3.42}$$

と変形できる.これは式 (3.33) と同じ形だから,微分は不要だ.

z の決め方はこうだ. z が十分小さいから, 式 (3.34) の級数近似は,

$$\frac{y}{r} = \frac{1}{(zs+1)^{m-n}} \approx \frac{1}{(m-n)zs+1} \tag{3.43}$$

となるので, これは時定数 $(m-n)z$ の一次遅れ系だ. この時定数のうちの z を, 模式化入力に対する応答が公差内に収まるように決めるのだ.

式 (3.40) のブロック線図が図 3.14(a) だ. そのランプ応答を図 (b) に示す. r と y との時間差は $0.02\,\mathrm{s}$ だ. この定常偏差が公差に収まるように z を決める. この時間差が $0.02\,\mathrm{s}$ になる理由は, 式 (3.40) を式 (3.43) のように近似すると, $C_{\mathrm{ff}}(s) \approx 20000 - \dfrac{396s + 19998}{0.02s + 1}$ となり, 時定数が $0.02\,\mathrm{s}$ だからだ. この応答は, PID 制御では 1 型に相当するが, 速度偏差は公差よりも十分小さいので, PID 制御でいう 2 型相当として扱い, y が公差に収まるように z を決める.

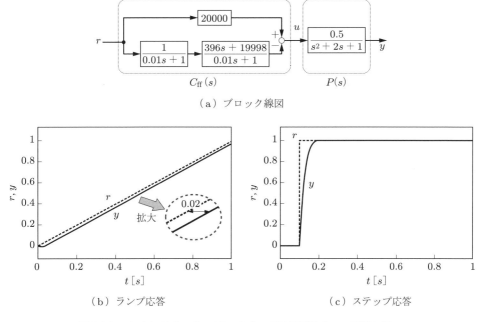

（a）ブロック線図

（b）ランプ応答   （c）ステップ応答

図 3.14 $1/P(s)$ がプロパーでないときの高次逆関数式 FF 制御の例

3.4.5／２自由度制御系化

　高次逆関数式 FF 制御も，２自由度制御系や内部 2DOF 式 FF 制御の FF 制御部に使える（図 3.15）．この方式は，精度が高いが，キックの影響も受けやすいので，目標値センサの分解能が十分細かいときに使おう．

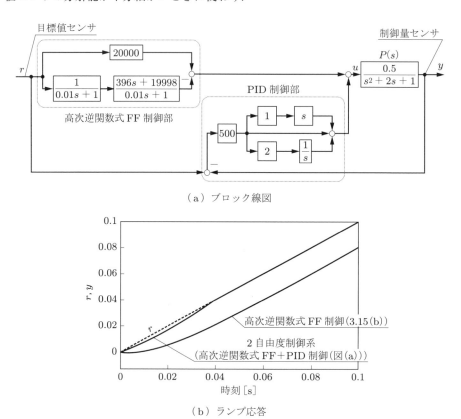

（ａ）ブロック線図

（ｂ）ランプ応答

図 3.15　高次逆関数式 FF 制御（図 3.14）の２自由度制御系化：
　　　　　図 (b) の範囲は，図 3.14(b) の原点付近の拡大図
　　　　　（本来は，PID 制御部は PD にするべきだが，デモとして
　　　　　速度偏差を０にするため，PID にしている）

3.5／追値制御の下位バリエーション選択 ••••••••••••••••••••••

　追値制御の下位バリエーションの選び方を図 3.16 にまとめた．以下はその解説だ．
制御設計手順（序章の表 1）の Step10 では，最初に，FF 制御が成り立つかどうか

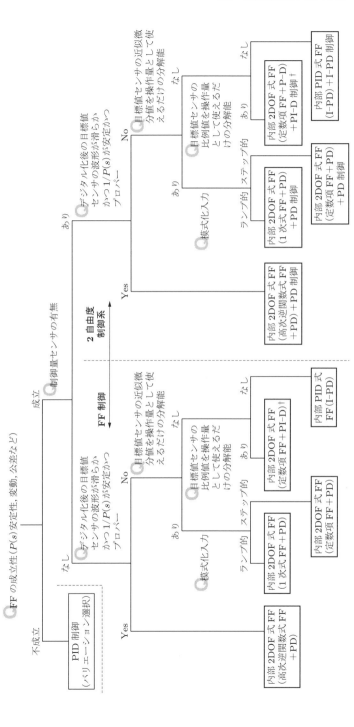

図 3.16 追値制御のバリエーションの本命：$P(s)$ 単体が 0 型なことを想定した。1 型以上の場合は、内部 2DOF 式 FF 制御部や、2 自由度制御系の PID 制御部の I を外す（I-PD 制御の場合はそのまま）。定加速度入力の場合は、ランプ的な場合の PID 制御部を 1 型増やす。なお、制御量が公差に収まればよいので、このものの l − 1 型や l − 2 型も候補にする。

† ステップ的入力の場合は、PI-D を P-D におきかえる。

を判断する（3.1.5 項参照）．FF 制御が成り立って，制御量センサがないときは FF 制御，あるときは 2 自由度制御系を選ぶ．

次は，目標値センサ波形の滑らかさと定常偏差に注目する．

高次逆関数式 FF 制御が使えるほど滑らかなときの FF 制御には内部 2DOF 式 FF 制御（高次逆関数式 FF＋PD）を使う．これには，速度偏差や位置偏差がないから，2 自由度制御系の場合は，0 型である PD 制御を組み合わせる．

高次逆関数式 FF 制御は使えないが，近似微分は使えるくらい滑らかなときのバリエーションはこうだ．ランプ的な FF 制御のときは内部 2DOF 式 FF 制御（1 次式 FF＋PD）を，ステップ的なときは内部 2DOF 式 FF 制御（定数項 FF＋PD）を使う．これらに定常偏差はないから，2 自由度制御系では，0 型である PD 制御を組み合わせる．なお，$1/P(s)$ が不安定なときは，P や D ゲインを小さめに設定する（Step11）．

目標値センサ波形が，近似微分を使えるほどではないが，比例値は使える程度に滑らかなとき，FF 制御には内部 2DOF 式 FF 制御（定数項 FF＋PI-D 制御）を使う．定数項 FF は 1 型相当だから，ステップ的なときは PI-D 制御のかわりに 0 型である P-D 制御を使う．これに位置偏差はないから，2 自由度制御系では，0 型である P-D 制御を組み合わせる．ただし，内部 2DOF 制御の PID 内に I がある場合は，$P(s)$ と $P(\hat{s})$ に誤差があっても定常偏差 ＝ 0 になるように，この I を 2 自由度制御系の PID 部に移動する．ランプ的な場合，2 自由度制御系の PID 制御部には PI-D 制御を使う．

最後に，目標値センサ波形の比例値も使えないほどの粗さのとき，FF 制御には内部 PID 式 FF 制御（I-PD）を使い，2 自由度制御系にはこれに I-PD 制御を組み合わせる．

以上は，$P(s)$ を 0 型と想定した．1 型以上の場合は，内部 2DOF 式 FF 制御の中の PID 制御部や，2 自由度制御系の PID 制御部の I の合計を $P(s)$ の型だけ減らす．また，定加速度入力のときは，上記のランプ的な場合の PID 制御部を 1 型増やす．

また，ここでは定常偏差を 0 にすることを前提にしているが，制御量は公差内に収まればよいので，上記の PID 制御部の $l-1$ 型や $l-2$ 型も候補にしておこう．

なお，FF 制御が成立しないときは PID 制御を選び，その下位バリエーションとして，センサの分解能に応じて，PID 制御，PI-D 制御，I-PD 制御を選ぶ[†]．

これらを制御系のバリエーションの本命として試すと，もっともよいバリエーションがみつかるはずだ．それが素性のよい追値制御のバリエーションなのである．

[†] $P(s)$ が不安定で PID 制御で安定化できないときは，現代制御の最適レギュレータを使おう．

第 II 部

制御設計の流れ

第4章

制御設計マニュアル

ここでは，第Ⅰ部の内容を，制御設計の一連の流れとしてまとめよう．

序章でもみたおおまかな設計手順を表 4.1 に示す．Step1〜8 はおもに思考検討で進め，Step9 以降はおもに Simulink で検討する．この手順のとおり進めていっても行き詰まることがあり，むしろそれが普通だが，そのときは適当な Step に戻ろう．また，この章の説明で疑問に思う箇所があったときは，第Ⅰ部の該当する箇書を参照してほしい．

以下，各 Step の詳細手順を解説していく．

表 4.1　制御設計の手順

設計段階	Step	実施事項
コンセプト設計	1	ユーザーにとっての便益の明確化
	2	便益の定式化
	3	アクチュエータの選定と制御量センサ候補の検討
	4	目標値センサ候補の検討
	5	上位バリエーションの選択 　カスタマイズその1：追値制御/定値制御の選択 　カスタマイズその2：FF/2自由度制御系/PID の選択
	6	入力波形の模式化
	7	目標値に対する制御量の公差の決定
	8	センサのスペックの決定
	9	アクチュエータのスペックの決定
細部構造設計	10	制御対象の伝達関数の把握 カスタマイズその3：下位バリエーションの選択 ・FF制御：内部 2DOF 式 FF 制御の FF 部や PID 部の選定 ・PID制御：PID/PI-D/I-PD の選択と I の要否の決定
定数設計	11	カスタマイズその4：PID 制御定数の決定

Step1 ユーザーにとっての便益の明確化

① 制御システムがユーザーに提供する便益を,

$$○○を××にする \tag{4.1}$$

という一言で表す.

Step2 便益の定式化

① 便益を物理値で表すために,式 (4.1) を次の形にする.

$$ユーザーの便益に関する量 ≈ その量の理想値 \tag{4.2}$$

ここで,「=」ではなく,「≈」を使うわけは,費用の点から誤差を積極的に許す意識をもつためだ.この意識がないと,効果に見合わない大きな費用がかかりがちになる.

Step3 アクチュエータの選定と制御量センサ候補の検討

① 式 (4.2) の左辺を操作できる装置の中から,便益と費用とのバランスがもっともよさそうなものをアクチュエータとする.

② アクチュエータの操作結果である制御量を決める.

③ 制御量のセンサの「候補」をあげる.

候補にあげた制御量センサを実際に使うかどうかは,Step5 で決める.「制御対象の制御 = アクチュエータの制御」の場合や,アクチュエータの応答遅れが目立つ場合などは,アクチュエータも制御対象に含める.

Step4 目標値センサ候補の検討

① 制御量を「結果」「過去」「遅い情報」とみなし,それを引き起こす「原因」「将来」「早い情報」に遡って,信号を探す.

② もっとも「原因」「将来」「早い情報」に近い信号のセンサを,目標値センサの第一候補とする.

目標値センサを実際に使うかどうかは,次の Step で決める.

より「原因」に近い目標値センサを見いだすことが,素性のよい制御系を設計するための秘訣なので,Step4 はとくに念入りに検討しよう.目標値信号の「原因」に近いセンサを選ぶほど,操作量も減り,アクチュエータのコストが減る傾向にあるからだ.

▌Step5 上位バリエーションの選択

① 表 4.2 に従い，もっとも費用対効果が高そうな目標値センサと制御量センサを（使うか使わないかを含め）選び，対応する制御方式を決める．

表 4.2 上位バリエーションの選択

目標値センサ	制御量センサ	最上位バリエーション	次位バリエーション	使用性
無	有	定値制御	PID 制御	適
有	無	追値制御	FF 制御	適
有	有	追値制御	2 自由度制御系	適
有	有	追値制御	PID 制御	**不適**（FF が成立しない場合のみ使用）

この Step で，制御方式が FF 制御，2 自由度制御系，PID 制御のいずれかに決まる．性能だけでなく費用も加味して決めよう．

なるべく追値制御を選ぶことが，素性のよい制御系を設計するための秘訣だ．追値制御のほうが定値制御よりも応答が速いし，アクチュエータの操作限界の必要量も小さくなる傾向があり，費用も抑えやすい．

▌Step6 入力波形の模式化

① 制御システムが作動する典型的なシーンにおける入力（目標値や外乱）をイメージして，表 4.3 から模式化入力（モデルケース的な時間軸の入力波形）を選ぶ．
② 実際の値とだいたい合うような，模式化入力の最大値や周期を設定する．

模式化入力は，Step10 で行う下位バリエーションの選択に影響してくる．Simulink には，各入力に対応したブロックが用意されているので，Step8 以降で利用する．

Tips 　外乱抑制制御も時間軸波形で設計しよう

外乱入力を周波数領域で設計する方がいらっしゃるが，周波数領域では**デジタル化**などの影響を考慮しにくいので，時間軸波形で設計することをお勧めする．その際の模式化入力も，表 4.3 から選ぶとよい．

時間軸波形をまったく見ずに設計することはお勧めしないが，どうしても周波数領域だけで設計したい場合は，ボード線図上での設計法であるループ整形法を試してから，本書の時間軸での PID 制御と比べて，よりよいほうを選ぼう．

表4.3　模式化入力に使われるおもな関数

入力		ラプラス変換の式	Simulink ブロック	よく使われるシーン
インパルス（面積 1）		1	（ステップ入力を微分）	衝撃的な外乱入力
ステップ（高さ 1）		$\dfrac{1}{s}$	Step	自動車の車速一定制御,横風の外乱
ランプ（傾き 1）		$\dfrac{1}{s^2}$	Ramp	緩和曲線における自動運転, 車体傾斜制御
$\sin \omega t$		$\dfrac{\omega}{s^2 + \omega^2}$	Sine Wave	路面の凹凸外乱,地震外乱
τ秒遅延		$e^{-\tau s}$	Transport Delay	（上記の入力を加工するサブ的関数）

Step7　目標値に対する制御量の公差の決定

① ユーザーに必要十分な便益を与えるために必要な，模式化入力時の制御量の応答の範囲を決める．

② 上で決めた制御量の範囲と目標値（定値制御は目標値 = 0）の差を公差とする．

　　ユーザーに必要十分な便益や，それを満たす公差に，一般的な基準はない．Step6 で想定した模式化入力のシーンをイメージし，どの程度目標に近ければユーザーが満足するかを，設計者が想像して決める．

　　公差が小さいほど，より速い制御系の応答が必要になり，センサやアクチュエータ，演算器の性能の高さが要求され，費用も増える．不必要に小さい公差を求めないほうがよい．

▎Step8　センサのスペックの決定

① 模式化入力を加えたときの，目標値センサや制御量センサの最大値の 1/10 以下を目安にセンサの分解能を決め，それを満たすセンサを選ぶ．サンプリング周期は，アクチュエータの遮断角周波数（B.4 節参照）の 1/5 〜 1/2 程度が目安だ．

> センサのサンプリング周期が長過ぎたり，分解能が低すぎたりすると，制御系の応答の速さが制限される．そのため，応答が制限されない性能のサンプリング周期や分解能をもつセンサが必要になる．分解能は小さいほどよいが，その分価格が高くなる．

▎Step9　アクチュエータのスペックの決定

① 模式化入力の目標値や制御量の波形から，操作量の上限を概算し（この後の Tips 参照），それを満たすアクチュエータを選ぶ．この Step では手計算で桁が合う程度の概算をし，Step11 で Simulink を使って確認する．

② 制御量波形が公差内に収まるように，アクチュエータの性能の要件を決める．

③ センサとアクチュエータをセットで費用を見積もり，費用対効果を検討する．満足のいく効果が得られなさそうなら，前の Step に戻り，センサや制御方式を再検討する．

> アクチュエータの操作限界が低いと，制御系の応答の速さが制限される．そこで，応答の速さが制限されないアクチュエータを選ぶ必要がある．
> 　その際，Step5 でも述べたように，アクチュエータの操作限界の必要量は，原因に近いセンサを使うほど少なく，Step4 で述べたとおり素性のよい制御系になる．そのため，必要量は PID 制御と FF 制御とで違うし，FF 制御の中でも，目標値信号の「原因」への近さでさらに異なる．つまり，センサの選び方によってアクチュエータの操作限界の必要量が変わり，アクチュエータとその価格も変わる．よって，制御システムの費用は，センサとアクチュエータとのセットで改めて見積もる必要がある．

アクチュエータの操作限界の概算法

　操作限界には，**最大力と最大出力**（仕事率）の2種類がある．

　最大力は，模式化入力を参考に，操作量の時間軸波形を概算し，その最大値から概算する．

　最大出力は，模式化入力を参考に，力の時間軸波形と速度の時間軸波形とのかけ算（仕事率＝力 × 速さ）から概算する．

　1.3節でみた自動車の上下振動の例では，道路の凹凸の振幅 (2 mm) に**角周波数**（周波数に 2π をかけた値）の2乗をかけると加速度になる．これに車体の質量をかけた値が最大力の目安だ．また，道路の凹凸の振幅 (2 mm) に角周波数をかけた値が速度だから，この速度と最大力とをかけると最大出力の目安になる（この計算では位相を無視しているので，実際よりも大きい側に誤差が出る）．

　演算器については，制御対象の遮断角周波数よりも十分高い周波数で，アクチュエータに指令できるだけの**演算周期**（演算器が，操作量の指示信号を出す周期 [s]）であることを確認する．たとえば，自動車の上下振動の場合，10 Hz よりも十分高い周波数，たとえば 50 Hz (0.02 s) で指令できるだけの演算周期とすれば，その 1/10 の 0.002 s が演算周期の目安だ．

Step10　細部構造設計

　あらかじめ，制御対象の伝達関数や直列積分の数を把握する．

(1)　定値制御の場合

① 模式化した外乱を加えたときの制御量を公差に収めるのに必要な制御部の直列積分の数 l を確認する（表 4.4 参照）．そして，（制御部の直列積分の数）＝ $l -$（制御対象内の直列積分の数）として仮決めする．

② I が不要なら，PD 制御を選ぶ．

表 4.4　定常偏差を 0 にするために必要な直列積分 l の最小値（定値制御）

外乱	インパルス	ステップ or 一定値	ランプ	定加速度
	$\longrightarrow t$	$\longrightarrow t$	$\longrightarrow t$	$\longrightarrow t$
l の最小値	0 型	1 型	2 型	3 型

表 4.4 のように，直列積分の数 l が大きいほど，定常偏差は小さくなるが，制御量が公差に収まればよく，定常偏差を 0 にする必要はない．

模式化入力の定常部だけでなく，過渡部も公差に収める必要がある．過渡応答は，l が大きいほど遅くなり公差に収まりにくくなるから，l 型だけでなく $l-1$ 型や $l-2$ 型も候補に入れておき，Step11 の定数設計で再検討する．

(2) 追値制御の場合

図 4.1 に従い，下位バリエーションを選択する．

① FF 制御が成り立つかどうかを確認する．「模式化入力と $1/P(s)$ の相性が悪いとき」，「制御対象が不安定なとき」，「変動が大きいとき」などの場合は，FF 制御が成り立たない．この判断には，Simulink を使い，模式化入力がランプ状の場合は 1 次式 FF 制御で，ステップ状の場合は定数項式 FF 制御で「仮に」代用して，制御量波形を計算し，制御量波形が公差に収まりそうかどうかで判断する（この段階では公差内に収める必要はない）．

◎ FF が成立する場合は，② に進む．

◎ FF が成立しない場合は，PID 制御を使う[†]．

② コンセプト設計で候補にした制御量センサの要否を決める．

◎ Simulink を使い，FF 制御単独で制御量が公差に収まるなら，制御量センサは追加せず，FF 制御（内部 2DOF 式 FF 制御）を使う．

◎ 公差に収まらないなら，制御量センサを追加して 2 自由度制御系を使う．

③ 内部 2DOF 式 FF 制御の FF 部と PID 部を決める．

高次逆関数式 FF の成立性を確認する：「制御対象に不安定零点があるとき」，「デジタル化後の目標値波形が滑らかでないとき」は，高次逆関数式 FF は使えない．まず，高次逆関数式 FF 制御を設計し，デジタル化後の目標値波形を加えたときの制御量波形を Simulink で計算して，この波形が Step1 で導いたユーザーへの便益を提供できるかどうかで，使用の可否を判断する．

(a) 高次逆関数式 FF が使えるとき

◎ 内部 2DOF 式 FF 制御の FF 部は，高次逆関数式 FF にする．

◎ 内部 2DOF 式 FF 制御の PID 部は，PD にする．

◎ 2 自由度制御系の場合は，上記の FF 制御に PD 制御を加える．

[†] PID 制御で制御系が安定にならないときは，現代制御の最適レギュレータを使う．

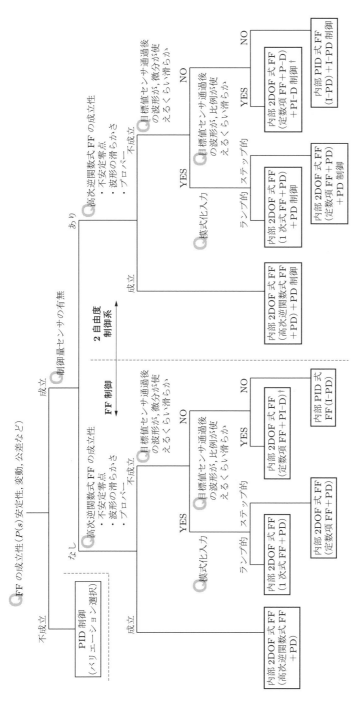

図 4.1 定常偏差を 0 にするための追値制御の選び方：$P(s)$ 単体が 0 型の場合。1 型以上の場合は，内部 2DOF 式 FF 制御部や，2 自由度制御系の PID 制御部の中の PID 制御部を 1 型増やす。なお，制御量が公差に収まればよいので，この I の 1 − 1 型や I − 2 型も候補にする。定加速度入力の場合はランプ的な場合の PID 制御部を 1 型増やす。

---

† ステップ的入力の場合は，PI-D を P-D におきかえる。

(b)　高次逆関数式 FF が使えないとき

◎ デジタル化後の目標値波形が，微分が使えるくらい滑らか:

- 模式化入力がランプ的なら，内部 2DOF 式 FF 制御の FF 部は 1 次式 FF に，PID 部は PD にする．
- 模式化入力がステップ的なら，内部 2DOF 式 FF 制御の FF 部は定数項 FF に，PID 部は PD にする．
- 2 自由度制御の場合は，上記 FF 制御に PD 制御を加える．
- 制御対象に不安定零点があるときは，P や D を小さめにする（D が不要のこともある）．

◎ デジタル化後の目標値波形が，微分は使えないが比例が使える程度に滑らか:

- 内部 2DOF 式 FF 制御の FF 部は定数項式 FF にする．PID 部は，ランプ状の場合 PI-D に，ステップ状の場合は P-D にする．
- 2 自由度制御系の場合は，上記の FF 制御に P-D 制御を加える．
- 内部 2DOF 制御の PID 内に I がある場合は，$P(s)$ と $\hat{P}(s)$ に誤差があっても定常偏差 = 0 になるように，この I を，2 自由度制御系の PID 部に移動する．
- 制御対象に不安定零点があるときは，P や D を小さめにする（D が不要のこともある）．

◎ デジタル化後の目標値波形が，比例にも使えない:

- FF 制御: I-PD を使った内部 PID 式 FF 制御にする．
- 2 自由度制御系の場合は，上記の FF 制御に I-PD 制御を加える．

③ 定加速度入力の場合は，ランプ入力の場合の PID 部を 1 型増やす．

④ $P(s)$ 単体が 1 型以上の場合は，③ で決めた PID 部の I を，$P(s)$ の型だけ減らす（I-PD の場合はそのまま）．

　　　　この Step の検討で，Step5 で決めた上位バリエーションの制御方式とは別の制御方式になることがある．そのときはコンセプト設計に戻り，改めて別のセンサやアクチュエータで費用対効果を見積もる必要がある．

⑤ 制御量の波形が公差内に収まればよいので，① ～ ④ よりも 1~2 型少ない PID も候補にする．

Step11 定数設計

11-1 準備

① Step10 で決めた制御対象のブロックを Simulink で構成する.

② 上記制御対象を P 制御化したものに, デジタル化 (量子化と離散化) と操作量の飽和をつけ, 模式化入力を加える.

③ 減衰重視の制御を目指すか, 速さ重視の制御を目指すか決める (図 4.2). 一般的には減衰重視を選ぶ. 一応, Simulink で減衰重視と速さ重視を比較しておき, 速さ重視のほうが公差に収まりやすいときだけ, 速さ重視を使う.

④ 2 自由度制御系の PID 制御部の定数設計では, FF 制御部を外す.

⑤ 安定余裕と公差が両立するとは限らないので, 最初の数セットは公差を気にせず, 収束の様子だけに注目する.

⑥ 飽和の影響のため, 収束周期が確認しにくいときは, 飽和ブロックを外してよい. 模式化入力の定常部が短すぎて収束周期が確認しにくいときは, 模式化入力を修

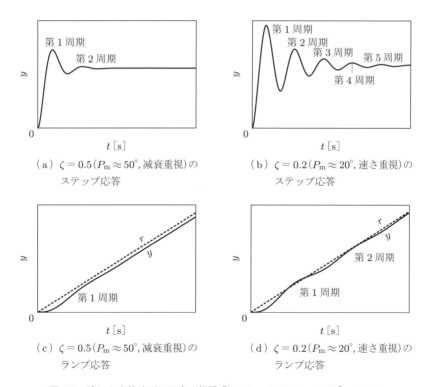

(a) $\zeta = 0.5 (P_m \approx 50°,$ 減衰重視) のステップ応答

(b) $\zeta = 0.2 (P_m \approx 20°,$ 速さ重視) のステップ応答

(c) $\zeta = 0.5 (P_m \approx 50°,$ 減衰重視) のランプ応答

(d) $\zeta = 0.2 (P_m \approx 20°,$ 速さ重視) のランプ応答

図 4.2 適切な応答波形の目安 (相場感) $(C_{\mathrm{PID}}(s)P(s) = 1/(s^2 + 2\zeta s))$

正したり，純粋なランプ入力やステップ入力を用いてもよい．ただし，制御量が公差に収まることを確認するときは，必ず飽和ブロックを加えたうえで，正しい模式化入力を使う．

⑦ 模式化入力の形状によっては，第 1 周期の波形が乱れることがある．そのときは，第 2 周期付近について相場感と比べるか，純粋なランプ入力やステップ入力を使う．

11-2 第 1 セット

表 4.5 の相場観になるように，下記の手順で定数を調整していく．

① P 制御の状態で，比例ゲイン K_P を調整して相場感の応答を作る．収束の様子に注目し，定常偏差は気にしない．

② PI 制御の状態で，相場感よりも収束周期がやや増える程度に積分時間 T_I を調整する．

③ PID 制御の状態で，波形が再び相場感になるように微分時間 T_D を調整する（微分ゲインの逆数 γ は 0.1 に固定）．ただし，T_D を増やしすぎると，かえって収束周期が増えてしまうので注意しよう．

④ PID 制御の状態で，操作量のキックに注目して γ を決める．

⑤ 制御対象に不安定零点があるとき：

PID 部の P や D の効きを抑える．場合によっては D を外す．

　　　　収束周期の確認では，y だけでなく u の波形にも注目する．u が操作限界に達すると，安定余裕が小さくても，y の収束周期が少なく見えてしまうためだ．

　　　　PD 制御や PI 制御など，P，I，D のいずれかが不要の場合は，それに関する定数は飛ばして調整すること．

　　　　直列積分が 2 個以上必要なときは，まず直列積分 1 個の状態で K_P，T_I，T_D，γ の適値を決めた後で，一つずつ積分を加えていき，その定数を調整すること．

　　　　第 1 セットの係数は，有効数字 1 桁程度の粗さでよい．

表 4.5　相場感の収束周期の目安（減衰重視が一般的）

狙い	ステップ入力	ランプ入力
減衰重視	2 周期程度	1 周期程度
速さ重視	4〜5 周期程度	2 周期程度

11-3 第2セット以降

① 前セットで決めた K_P, T_I, T_D, γ の組み合わせから，PID 制御の状態で，K_P → T_I → T_D → γ の順に再調整する．このとき，K_P や T_D をなるべく増やす側で調整する（ω_c を増やして制御系の応答を速くするため）．

② 相場観の波形が得られるまで，これを繰り返す．

③ 2自由度制御系の場合，FF 部を追加する．定常偏差に注目し，$1/T_I$ を減らせるだけ減らす．次に，再び FF 部を外し，T_I を固定して，K_P → T_D → γ の順に調整し，相場感になるようにする．

11-4 公差の確認

制御量波形が公差に収まっているか確認する．収まっていれば設計終了だ．

制御量が公差に収まっていないとき，次の3つに分けて考える．

i) 過渡応答が収まらない場合：応答を速めるために，1セット目の PI 制御波形を作る際，P を増やし，I を減らしてから，定数設計をやり直す．

ii) 定常応答が収まらない場合：定常偏差を減らすために，1セット目の PI 制御波形を作る際，P を減らし，I を増やしてから，定数設計をやり直す．

iii) 過渡も定常も収まらない場合：コンセプト設計をやり直す．

11-5 位相余裕 P_m（やゲイン余裕 G_m）が表 4.6 の範囲に入っているかの確認

① 範囲内にあれば定数設計は完了だ．

② 範囲外なら，再度第2セット以降をやりなおす．その際，P_m が不足側なら収束周期を減らし，過剰側なら増やす．

表 4.6　安定余裕の推奨値

狙い	P_m	G_m（参考）
減衰重視	40〜65°	10〜20 dB
速さ重視	16° 以上	3〜10 dB

第5章

制御設計のケーススタディ

　ここでは，制御設計のケーススタディをする．ケーススタディの例題は，車体傾斜制御，上下振動低減制御，ブレーキ時旋回防止制御の三つだ．第4章でみた手順に従って設計していくので，適宜第4章と見比べながら読んでほしい．

5.1／鉄道の車体傾斜制御 ●●●●●●●●●●●●●●●●●●●●●●●●●●●●

問題　鉄道車両がカーブを曲がるとき，乗客の横方向に遠心力がはたらき，これが原因で乗客が乗り物酔いすることがある（図 5.1(a)）．速度を落とせば遠心力も弱まるが，時間のロスになるのでそれは避けたい．

　そこで，カーブ曲がるときに車両を傾け，図 (b) のように重力の分力で遠心力の横方向成分を打ち消せば，速度を維持したまま乗客の乗り物酔いを防ぐことができるので，これを実現する制御を設計しよう．

　なお，傾斜角 θ は，$\sin\theta \approx \theta$，$\cos\theta \approx 1$ の近似が成立する程度に小さいものとする．そのため，遠心力の車体横方向成分は遠心力と同じ値になり，重力の車体横方向成分は $\theta \times$（重力加速度）になる．また，乗客にかかる横方向の力を**横力**という．

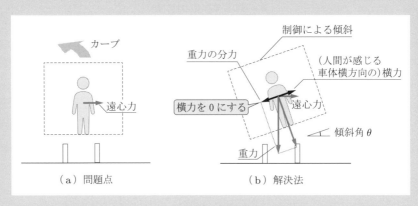

図 5.1　問題

▌Step1

ユーザーに提供する便益を式 (4.1)の形にすると，こうなる．

$$\text{カーブでの乗り物酔いをなくす} \tag{5.1}$$

▌Step2

式 (5.1)を式 (4.2) の形にすると，こうなる．

$$\text{横力} \approx 0 \tag{5.2}$$

▌Step3

アクチュエータを選ぶ．上式 (5.2)の物理量は「横力」だ．そこで，横力を重力によって打ち消すために車体を傾ける（図 5.1(b)）．そのための**車体傾斜装置**（図 5.2）がアクチュエータで†，その操作結果の「車体の傾斜角」が制御量だ．操作量であるアクチュエータのストロークと，制御量である車体傾斜角は比例するから，車体傾斜角を制御することはアクチュエータのストロークを制御することと同じだ．そこで，アクチュエータも制御対象に含める．

費用が安価な制御量センサとして，加速度センサを車体横方向の加速度を検出するように取り付けると，このセンサは横力を検出する（図 5.1(a)）．この加速度センサを制御量センサの候補にする．

▌Step4

横力（遠心力）が生じる原因は，カーブを走行することだ．だから，目標値の第一候補は，カーブ（の半径 R）だ．R のセンシング方法は，後述のコラム「線路の曲線半径のセンシング」に述べるように二つあり，これらを測るセンサを目標値センサの候補にする．

▌Step5

費用対効果に注意しながら制御系の上位バリエーションを選ぶ．表 4.2 から，目標値 (R) センサだけを使う場合は追値制御・FF 制御になり，制御量（横力）センサだ

---

† これは制御付自然振り子とよばれる方式だが，左右の空気ばねの膨張度合いを制御することによって車体を傾斜させるタイプもある．

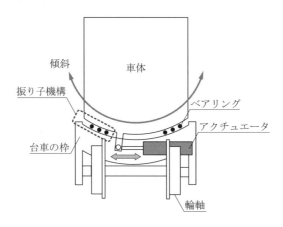

図 5.2　鉄道車体傾斜システム

けを使う場合は定値制御・PID 制御になる．現実には両方の方法が存在する．ここで
は，制御量センサ（加速度センサ）のみを採用しよう．したがって，定値制御・PID
制御だ．

Step6

　制御設計に使う模式化（外乱）入力を決める．走路として，直線部→曲線部→直線
部を想定する．曲線部は，半径一定の曲線と，その曲線と直線とを滑らかにつなぐ**緩
和曲線**からなるとする（図 5.3）．外乱である，曲線部を走行することによる遠心力を，
車体の傾斜角（× 重力加速度）に換算する．半径一定曲線部の傾斜角は 10° とし，緩
和曲線部は傾斜角が線形に増減する（クロソイド曲線という）と考える．

　模式化入力（の角度換算値）は，表 4.3 の s の式を使うと，こうなる．

$$遠心力 = 10\left(\frac{1}{s^2} - \frac{1}{s^2}e^{-2s} - \frac{1}{s^2}e^{-8s} + \frac{1}{s^2}e^{-10s}\right) \tag{5.3}$$

右辺 ( ) 内第 1 項が，図 5.3 中の a 部だ（この区間は，ランプ入力だから $1/s^2$ だ）．第
2 項は，平坦な b 部を作るために，第 1 項を打ち消す項だ．正のランプ（$1/s^2$）の 2 秒
後（2 秒遅延 e^{-2s}）に逆勾配（負号）のランプ入力をするのが第 2 項．第 3 項は，
c 部の勾配を作る項だ．8 秒後からの下り勾配を作るために，e^{-8s} を負のランプ入力
（$-1/s^2$）にかけてある．第 4 項は，第 2 項のように平坦な d 部を作るための項だ．

　この式の Simulink プログラムが図 5.4 で，式 (5.3) の ( ) 内の各項の波形が図 5.5 だ．

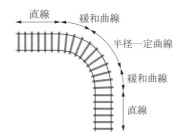

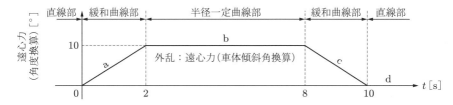

図 5.3　遠心力（外乱）の模式化入力

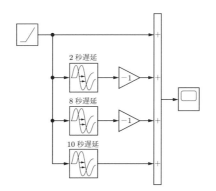

図 5.4　式 (5.3)，図 5.3 の Simulink プログラム例

▎Step7

　制御量と目標値との公差を決める．公差は在来線の乗り心地基準として国鉄が定めた，$0.8\,\mathrm{m/s^2}$ 相当の角度 $4.6°$ を丸めて $5°$ にする（図 5.6）．

▎Step8

　模式化入力からセンサの分解能を決める．センサの分解能は，最大でも模式化入力最大値の $1/10$ 以下の必要がある．ここでは，最大で $10°$ なので，分解能は $1°$ 以下だ．

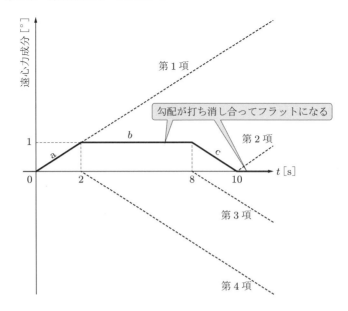

図 5.5　式 (5.3) の要素分解時系列波形

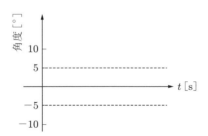

図 5.6　鉄道の車体傾斜制御の模式化入力の公差

Step9

アクチュエータの操作限界を設定する．操作限界のうち，最大力は，図 5.3 の最大値であり，角度換算で $10°$ だ．$10°$ 変化するのにかかる時間は $2\,\mathrm{s}$ だから，仕事率は角速度換算で $10/2 = 5°/\mathrm{s}$ 以上必要だ．

Step10

コンセプト設計した制御系を定値制御で作ろう．数値や記号などは以下のように決める．

・簡単のため，遠心力や横力・加速度・カーブの半径などのすべての物理量の単位

を角度に換算する.

- 制御対象の伝達関数を把握する. ここでは, アクチュエータも含めて, $P(s)$ を,

$$P(s) = \frac{y}{u} = \left(\frac{1}{0.4s+1}\right)^3 \tag{5.4}$$

と仮定する[†]. この式は,

$$P(s) = \left(\frac{1}{0.4s+1}\right)^3 = \frac{1}{0.064s^3 + 0.48s^2 + 1.2s + 1} \approx \frac{1}{1.2s+1} \tag{5.5}$$

だから, 時定数 $T = 1.2\,[\mathrm{s}]$ の一次遅れ系に近い.

- 表 4.4 をもとに, この制御のバリエーションを選ぼう. 定値制御のバリエーションは直列積分の数だけだ. 図 5.3 に示される模式化入力には, ランプ状の区間があるから, この区間で制御量を目標値に一致させるためには 2 型系が必要だ. 一方, 式 (5.5) から, 制御対象には直列積分はない. したがって, 2 型系にするためには, PID 制御部に直列積分が二つ必要だ. ただし, ランプ状の目標値に対して制御量を一致させなくても, 制御量が公差内に収まるかもしれないので, 1 型系や 0 型系も候補にする.

- 制御対象 $P(s)$ は車体傾斜装置と車体で, 操作量 u は傾斜角の指令値だ. 制御量 y は, 横力であり, 車体の横方向の加速度センサで検出する.

- $P(s)$ の作動限界はアクチュエータの操作限界に余裕をもたせた $\pm 11°$ とする.

- 制御しない状態の車両は常に直立する.

Step11 （減衰重視）

相場感（図 4.2）を使って減衰重視の定数設計をしよう.

ここでは, デモのため, K_P, T_I, T_D, γ の設定を 1 セットだけする. 各定数の有効数字は簡単のため 1 桁だけで, 1 桁目の数値は 1, 2, 5 の 3 種類とする. 横力の公差は前述のように全時間帯で $\pm 5°$ とする. 波形は, y だけではなく u にも注目しよう. なぜなら, y が非振動的でも, 減衰が大きいためなのか, u が操作限界に達したためなのかの区別がつかないからだ. また, 定数の適値が見えてくるまでは, 収束の様子だけに注目し, 定常偏差は気にしない. 著者が事前検討なしで PID 設定した「生の記

[†] 実際のシステムは, 応力時間は $0.9\,\mathrm{s}$ 程度とされるが, ここでは説明の都合上, このように仮定した.

録」を以下に記すので，図 4.2(a) と見比べながらお読みいただきたい.

　ここでは飽和ブロックを加えたままの模式化入力時の応答で相場感と比べるが，飽和ブロックを外したステップ応答で定数設計してもよい. ただし，制御量が公差内にあることの確認の際は，飽和ブロックを加え，模式化入力に戻そう.

　遠心力が，ランプから一定になった後 $(t = 2 \sim 8\,\mathrm{s})$ をステップ応答と考える. まず，P 制御（図 5.7）で K_P を調整した（図 5.8）. 第 1 周期の波形が乱れているため，第 2 周期付近に注目する. 最初に $K_\mathrm{P} = 1$ を試したが，y の第 2 周期の山がほとんど見えなかったので，次に $K_\mathrm{P} = 10$ を試した. これは，u が，3.8，5.8，7 s 付近の 3 回操作限界に達しているので，安定限界付近と判断した. 次の $K_\mathrm{P} = 5$ は，y の第 2.5 周期（谷）が，相場感よりも深すぎた. そこで，$K_\mathrm{P} = 2$ を試した. これは，y の第 1.5 〜 2.5 周期の凹凸が，相場感に合う（3 割の誤差の範囲で）. これで $K_\mathrm{P} = 2$ に仮決めできた.

　この P 制御に I を足した（図 5.9）. $1/T_\mathrm{I}$ を $1 \to 0.5 \to 0.2$ の順にトライして（図 5.10），P 制御よりも，u の第 2.5 周期が明確にはなるが，ほかは大きな差のない $1/T_\mathrm{I} = 0.2$ に仮決めした. なお，これは，$t = 8\,\mathrm{s}$ 程度で $y = 0$ になるくらい遅い応答だから，2 型にして 0 〜 2 s などのランプ区間で定常偏差をなくすことは無理だ. だから，以後，2 型は試さない. また，0 型 $(1/T_\mathrm{I} = 0)$ の横力の最大値は，$t = 2\,\mathrm{s}$ 付近で約 4.5° であり，1 型 $(1/T_\mathrm{I} = 0.2)$ の $t = 10\,\mathrm{s}$ 付近よりも大きい. したがって，以後 0 型も試さない. これで直列積分の数は 1 型に仮決めできた.

　さらに，PI 制御に近似微分を足した（図 5.11）. まず，$\gamma = 0.1$ に固定して，$T_\mathrm{D} = 1$ を試した（図 5.12）が，y の第 2 周期（$y = 2.8\,\mathrm{s}$ 付近）の山が高くなっているので，T_D が過剰と考えた. そこで，$T_\mathrm{D} = 0.5$ を試したところ，今度は第 2 周期の山が相場

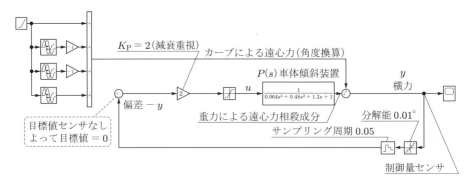

図 5.7　P 制御の Simulink モデル

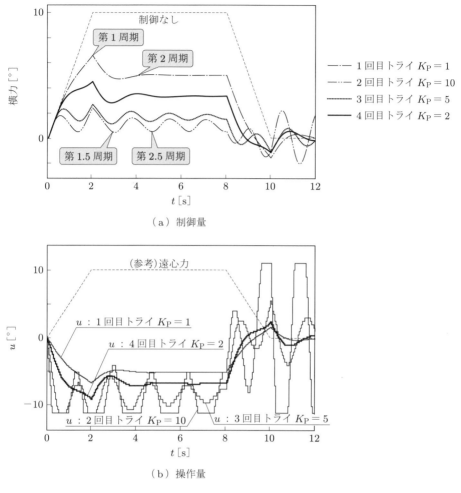

（a）制御量

（b）操作量

図 5.8 K_P のトライアル（減衰重視・速さ重視共通）

感よりも低いが，過剰な T_D を使うよりはよいので，これに仮決めした．ただし，u のキックがある．そこで，キック低減の観点から γ を $0.1 \rightarrow 0.2$ の順にトライし（図 5.13），$\gamma = 0.2$ のキックが許せると仮定して，仮決めした．これですべての PID 定数が仮決めできた．

この制御量波形は公差を満たすから，最後に，安定余裕を確認する．この PID 制御系の $C_\mathrm{PID}(s)P(s)$ はこう表される．

$$C_\mathrm{PID}(s)P(s) = 2\left(1 + \frac{0.2}{s} + \frac{0.5s}{0.2 \times 0.5s + 1}\right)\left(\frac{1}{0.4s + 1}\right)^3$$

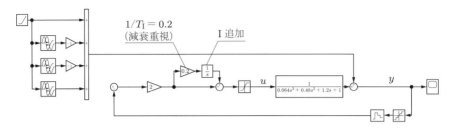

図 5.9　PI 制御の Simulink モデル（減衰重視）

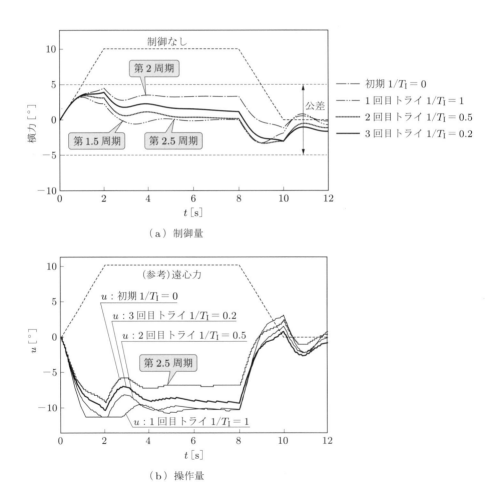

（a）制御量

（b）操作量

図 5.10　$1/T_I$ のトライアル（$K_P = 2$）（減衰重視）

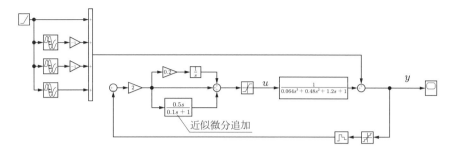

図 5.11 PID 制御の T_D 検討 Simulink プログラム（減衰重視）

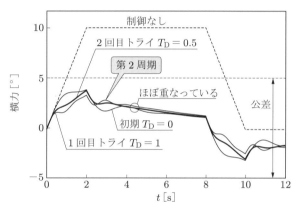

（a）制御量（乗客の感じる遠心力）

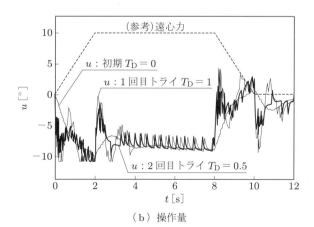

（b）操作量

図 5.12 T_D のトライアル（$K_\mathrm{P} = 2$, $1/T_\mathrm{I} = 0.2$, $\gamma = 0.1$）（減衰重視）

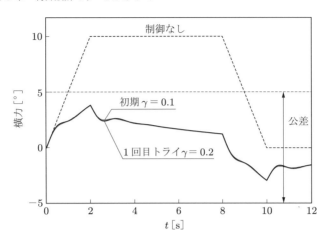

（a）制御量

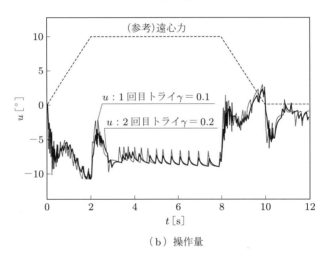

（b）操作量

図 5.13 γ のトライアル ($K_{\mathrm{P}} = 2,\ 1/T_{\mathrm{I}} = 0.2,\ \gamma = 0.5$)（減衰重視）

$$= \frac{1.2s^2 + 2.04s + 0.4}{0.0064s^5 + 0.112s^4 + 0.6s^3 + 1.3s + s} \tag{5.6}$$

この安定余裕を，margin コマンドを使って求めると，$P_{\mathrm{m}} = 62.9\,^\circ(\omega_{\mathrm{c}} = 1.93\,\mathrm{rad/s})$，$G_{\mathrm{m}} = 14.5\,\mathrm{dB}$（図 5.14）になった．これは，表 4.6 の「減衰重視」の安定余裕を満たしている．キックが許せず，$K_{\mathrm{P}} = 5,\ 1/T_{\mathrm{I}} = 0.2$ の PI 制御にした場合でも，$P_{\mathrm{m}} = 61.3^\circ$ ($\omega_{\mathrm{c}} = 1.93\,\mathrm{rad/s}$)，$G_{\mathrm{m}} = 11.3\,\mathrm{dB}$ で安定余裕を満たす．これで，（第 1 セットの）定数が決定した．

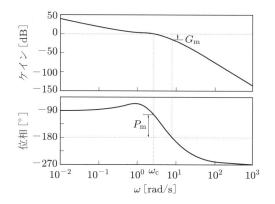

図 5.14 安定余裕（減衰重視）：$P_\mathrm{m} = 62.9°\,(\omega_\mathrm{c} = 1.93\,[\mathrm{rad/s}])$, $G_\mathrm{m} = 14.5\,(\omega_{-180°} = 8.1\,[\mathrm{rad/s}])$

Step11 （速さ重視）

ここでは，図 4.2(b) と比べながらお読みいただきたい．減衰重視の P 制御（図 5.7）で，K_P を $1 \to 10 \to 5 \to 2$ の順にトライした（図 5.8）．$K_\mathrm{P} = 5$ は，$3 \sim 8\,\mathrm{s}$ の u の波形が速さ重視の相場感に合う．そこで，$K_\mathrm{P} = 5$ に仮決めした．

次に，この P 制御に I を足し（図 5.15），$1/T_\mathrm{I}$ をトライした（図 5.16）．$1/T_\mathrm{I} = 1$ は，u の，3.8，5.5，$7.5\,\mathrm{s}$ 付近の山の高さがほぼ一定なので，安定限界付近と判断して，$1/T_\mathrm{I} = 0.5$ を試したが，4.8，$5.5\,\mathrm{s}$ 付近の山の高さがほぼ一定なので，これも安定限界付近と判断した．そこで，$1/T_\mathrm{I}$ を桁違いに減らして $1/T_\mathrm{I} = 0.02$ に仮決めした．

次に，PI 制御に近似微分を足した（図 5.17）．まず，$\gamma = 0.1$ に固定して，T_D を 0.02 にしたところ，y の波形は変わり映えしないのに，u にキックが目立った（図 5.18）．そこで，$T_\mathrm{D} = 0.01$ に仮決めした．u にキックはまだ残っていたので，γ を，$0.2 \to 0.5$ の順にトライし（図 5.19），$\gamma = 0.5$ のキックが許せると仮定して，仮決めした．

この制御量波形は公差を満たすので，最後に，安定余裕を確認する．この PID 制御

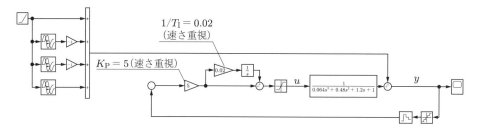

図 5.15 PI 制御の Simulink モデル（速さ重視）

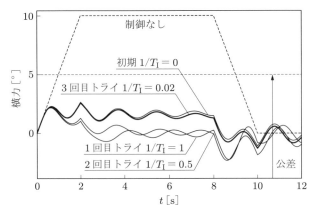

（a）制御量（乗客の感じる遠心力の分力）

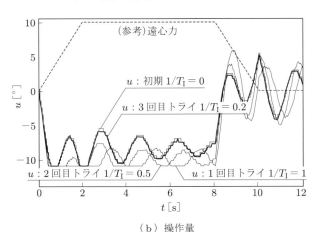

（b）操作量

図 5.16 $1/T_{\mathrm{I}}$ のトライアル $(K_{\mathrm{P}} = 0.5)$（速さ重視）

系の $C_{\mathrm{PID}}(s)P(s)$ はこうだ.

$$
\begin{aligned}
C_{\mathrm{PID}}(s)P(s) &= 5\left(1 + \frac{0.02}{s} + \frac{0.01s}{0.5 \times 0.01s + 1}\right)\left(\frac{1}{0.4s + 1}\right)^3 \\
&= \frac{234.4s^2 + 15626.6s + 312.5}{1s^5 + 207.5s^4 + 1519s^3 + 3766s^2 + 3125s}
\end{aligned} \tag{5.7}
$$

この安定余裕は, $P_{\mathrm{m}} = 19.0°(\omega_{\mathrm{c}} = 3.47\,\mathrm{rad/s})$, $G_{\mathrm{m}} = 4.68\,\mathrm{dB}$ だった（図 5.20）. これは, 表 4.6 の「速さ重視」を満たす. キックが許せない場合, $T_{\mathrm{I}} = 0.02$, $K_{\mathrm{P}} = 5$ の PI 制御にすると, $P_{\mathrm{m}} = 17.0°$ $(\omega_{\mathrm{c}} = 3.47\,\mathrm{rad/s})$, $G_{\mathrm{m}} = 4.01\,\mathrm{dB}$ で「速さ重視」を満たすので,（第 1 セットの）の定数が決まった. なお, このケースで収束周期を読

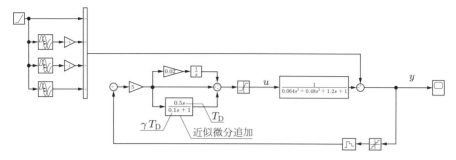

図 5.17 PID 制御の T_D 検討 Simulink プログラム ($K_P = 5$, $1/T_I = 0.02$)（速さ重視）

むには，飽和ブロックを外したステップ応答のほうがよさそうだ.

5.1.1／減衰重視と速さ重視との応答の比較

　減衰重視と速さ重視の PID 制御定数の設計をした結果，速さ重視の交差周波数 ω_c は 3.47 rad/s で，減衰重視の 1.93 rad/s よりも大きいから，応答がより速いはずだ. 実際，制御量 y の波形（図 5.21(a)）を比べると，速さ重視のほうが，y がより 0 に近いから，速さ重視のほうが速く作動することが確認できる. このように，速さ重視のほうが狙いに近い y だが，その一方で，u の減衰が小さいことも図 (b) からわかる.

5.1.2／PID 制御と FF 制御との比較

　ここでは，Step5 で性能を重視して，目標値センサのみを選んだことを想定して，FF 制御を設計し，その応答を PID 制御と比較してみよう. FF 制御を二つに分けることがある. 将来の値がわかる**プログラム制御**と，現在の値しかわからない**追従制御**だ. ここでは追従制御を例に解説し，プログラム制御は後述の Tips で扱う. なお，両者の区別を気にする必要はない. なぜなら，原因や将来により近い信号を目標値の候補とすることだけを考えればよいからだ.

　追従制御の目標値センサにはジャイロが用いられる[†]. これは，カーブ走行中の車両の旋回角速度を検出するものだ（後述のコラム「線路の曲線半径のセンシング」参照）. 旋回角速度を「カーブによる遠心力を相殺する車体傾斜角」に読み替えた値を目標値 u とし，その操作結果である車体の傾斜角を制御量 y とする. そのため，「$y \times$ 重力加速度 + 遠心力 = 横力」になる. したがって，y の定義が PID 制御と異なる.

[†] ジャイロを定置制御の誤作動防止だけに使うこともある.

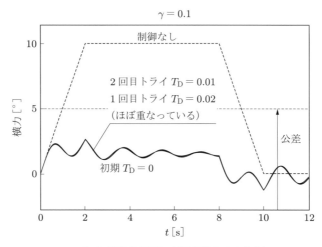

（a）制御量（乗客の感じる遠心力の分力）

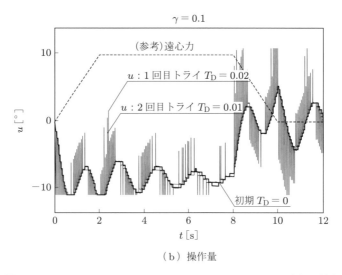

（b）操作量

図 5.18　T_D のトライアル（$K_\mathrm{P} = 2$，$1/T_\mathrm{I} = 0.02$，$\gamma = 0.1$）（速さ重視）

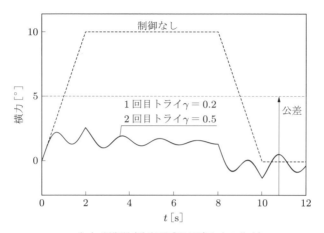

（a）制御量（乗客が感じる遠心力の分力）

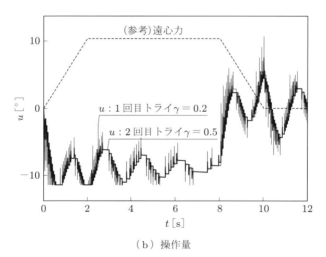

（b）操作量

図 5.19 γ のトライアル（$K_{\mathrm{P}} = 5$, $1/T_{\mathrm{I}} = 0.02$, $T_{\mathrm{D}} = 0.01$）（速さ重視）

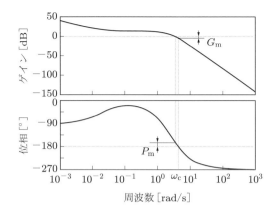

図 5.20　安定余裕（速さ重視）：$P_{\mathrm{m}} = 19.0°$　（$\omega_{\mathrm{c}} = 3.47\,[\mathrm{rad/s}]$），
$G_{\mathrm{m}} = 4.68\,\mathrm{dB}$（$\omega_{-180°} = 4.47\,[\mathrm{rad/s}]$）

▌Step10

図 4.1 をもとに FF 制御系のバリエーションを選ぼう．

旋回角速度と車速から R が計算できる[†]から，遠心力が計算でき，遠心力から横力を 0 にするための車体傾斜角も計算できる．そこで，「FF 成立性」は「成立」を選び，「制御量センサ」は「なし」を選ぶ．一般的な場合を想定して，高次逆関数式 FF の成立性は「不成立」を選び，「目標値センサの近似微分値を操作量として使えるだけの分解能」は「あり」を選ぶ．「模式化入力」は，図 5.3 にはランプ入力部分があるので，「ランプ的」を選ぶ．その結果，この制御は「内部 2DOF 式 FF 制御（1 次式 FF + PD）」になる．

内部 2DOF 式 FF 制御の第 1 段階として，まず 1 次式 FF 制御について考えよう．

目標値は図 5.3 の遠心力外乱を打ち消す車体傾斜角だ．具体的には，遠心力の角度換算値に負号をつけたものが目標値だ．この目標値を図 5.22 に示す．

制御対象 $P(s)$ を表す式 (5.5) の逆数を，s の 1 次式で近似すると，FF 制御 $C_{\mathrm{ff}}(s)$ はこうなる．

$$C_{\mathrm{ff}}(s) = \frac{1}{P(s)} \approx 1.2s + 1 \tag{5.8}$$

この Simulink プログラムと応答が図 5.23 だ．横力の最大値は，PID 制御（速さ重視）（図 5.19(b)）とほぼ同じだが，$2 \sim 8\,\mathrm{s}$ の横力は，FF 制御ではほぼ 0 にできているの

---

†　角速度/車速 $= 1/R$

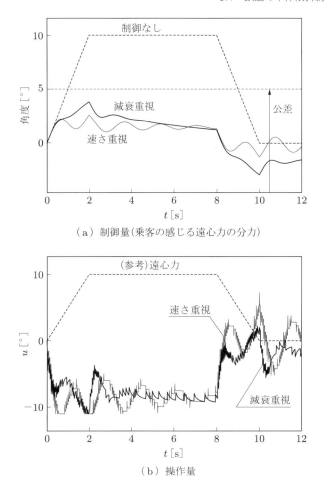

（a）制御量(乗客の感じる遠心力の分力)

（b）操作量

図 5.21　減衰重視と速さ重視の応答の比較

に対し，PID 制御は 0 ではない．また，PID 制御よりも FF 制御のほうが，u のキックや振動が小さい．このように，横力も u も，FF 制御のほうが PID よりもよい応答だ．その理由は，追従制御の目標値センサは，PID 制御の制御量センサよりも，「より原因，将来に遡った物理量」[†] を検出するからだ．

---

† 第 4 章のコンセプト設計 Step4 参照.

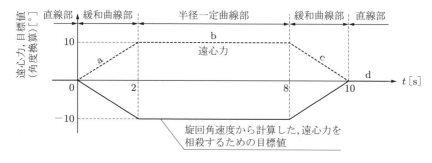

図 5.22 目標値

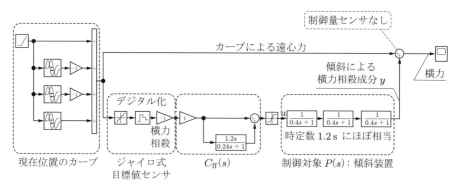

（a）1 次式 FF

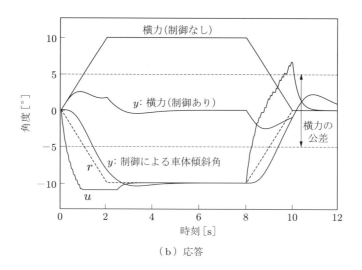

（b）応答

図 5.23 1 次式 FF 制御（現在の R を使った追従制御）

線路の曲線の半径のセンシング

線路の曲線の半径 R センシングの実例は，おもに二つある．

まず，**ジャイロ方式**だ．これは，ジャイロセンサを使って検出した，カーブ走行にともなう平面上の向き（東西南北）の変化の旋回角速度と車速とから，R を推定する方法だ（角速度／車速 ＝ $1/R$）．この方式は，次に述べる方式よりも費用がかからないが，センシングできる R は「現在位置」の曲線半径だ．そのため，追従制御だ．

もう一つは**線路データベース方式**だ．これは，R の検出に，「線路データベース」と「信号機通過信号」「車速センサ」「時計」を使う方法（図 5.24）だ．

線路データベースでは，各カーブに番号がついていて，カーブ手前の最寄りの信号機からカーブ入り口までの距離 x_n と，その位置での半径 R_n との組み合わせ $\{x_n, R_n\}$ が登録されている．また，線路データベースには，各信号機間の距離も登録されている．

信号機通過は，信号機通過信号の受信センサによって検知する．信号機から走行中の列車までの距離は，車速センサと走行時間によって推定し，この距離を線路データベースに登録されている $\{x_n, R_n\}$ のデータと比較して，「将来位置」の R_n を推定する．このしくみ全体が目標値センサであり，このセンサを使うと将来の値がわかるから，プログラム制御だ．

線路データベースは「将来位置」の R がわかるという利点がある（そのため，次のTips で話すように，応答がよりよい）が，データベース作りには手間（＝費用）がかかる．また，工事などによって，信号機通過信号の発信器の位置を変えたとき，データベースを修正する必要があり，これにも費用がかかってしまう．

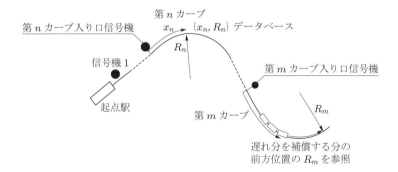

図 5.24 線路データベース

プログラム制御と追従制御の応答比較

　線路データベース方式は，将来位置の R（遠心力）を検出できる（前述のコラム参照）．そのため将来の情報を使った制御ができる．

　では，どのくらい将来の情報を使えばよいのだろうか？　式 (5.5)から，$P(s)$ の時定数はほぼ $1.2\,\mathrm{s}$ に相当する．時定数とは，応答遅れ時間の目安だから，$P(s)$ の y は u よりも，ほぼ $1.2\,\mathrm{s}$ 遅れる．したがって，$1.2\,\mathrm{s}$ 先の r を現在の u として $P(s)$ を操作すると，$y \approx r$ にできるはずだ．これは，$1.2\,\mathrm{s}$ 先の r を使った $C_{\mathrm{ff}}(s) = 1$ の定数項 FF 制御だ．

　その Simulink プログラムが図 5.25 だ．$1.2\,\mathrm{s}$ 遅延の左が，$1.2\,\mathrm{s}$ 先の遠心力，右が現在の遠心力だ．

　この横力の応答（図 5.26）は，最大値は，図 5.23（追従制御）のほぼ半分に減る．さらに，追従制御の u は作動限界に達しているのに，これは達してない．これらのように，プログラム制御は，追従制御よりもよい応答だ．

　その理由は，プログラム制御のほうが追従制御よりも，より原因により近い，より将来の物理量を使うため，より必要十分な量の操作ができるからだ．

　このように，原因・将来により遡った物理値を検出するセンサを使うほど，応答がよい．この原則を踏まえれば，プログラム制御と追従制御の区別を意識する必要はないのだ．なお，プログラム制御と PID 制御を組合せて 2 自由度制御系にすることもできる．

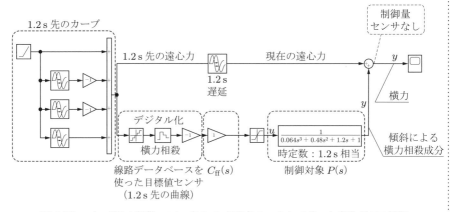

図 5.25　プログラム制御：$1.2\,\mathrm{s}$ 先の R を現在の u として使った定数項 FF 制御

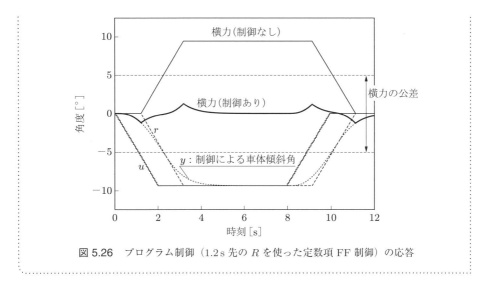

図 5.26 プログラム制御（1.2 s 先の R を使った定数項 FF 制御）の応答

以上で，1 次式 FF 制御を実践できた．そこで，第 2 段階として，内部 2DOF 式 FF 制御を考えよう．図 5.23(a) の 1 次式 FF 制御部分は 2 型系相当だから，0 型系である PD 制御を組み合わせて内部 2DOF 式 FF （1 次式 FF＋PD) 化したものが，図 5.27 だ．

Step11（PID 部の定数設計）

2 自由度制御系の PID の定数は，FF 制御を外して設定する．これは PD 制御なので，定数設計は $K_P \to T_D \to \gamma$ の順で行った．これらの有効数字は 1 桁で，その数字は 1, 3, 5 に限定したため，K_P, T_D, γ の値は PID 制御の減衰重視の場合から変わら

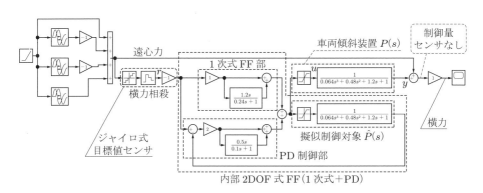

図 5.27 内部 2DOF 式 FF 制御（1 次式＋ PD）（PD の定数は減衰重視の値）

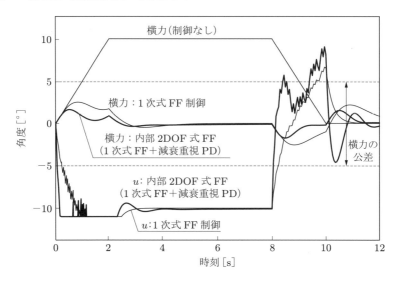

図 5.28　内部 2ODF 式 FF 制御（1 次式 +PD）と 1 次式 FF 制御の応答比較
（PD の定数は減衰重視の値）

なかった.

　内部 2DOF 式 FF 制御と 1 次式 FF 制御の応答の比較を図 5.28 に示す. 1 次式 FF 制御よりも内部 2DOF 式（1 次式 FF+ 減衰重視 PID）のほうが，より良好な応答だ（$t = 0 \sim 1, 8 \sim 9\,\mathrm{s}$ 付近の操作量のタイミングがより早いため，横力はより 0 に近い）.

　参考のため，内部 2DOF 式の PID 部分の定数を減衰重視にした場合と速さ重視にした場合の比較を，図 5.29 に示す. 減衰重視のほうが速さ重視よりも横力の最大値がより小さく，u も操作限界に達しにくい. なお，速さ重視の K_P, T_D, γ も，PID 制御のときと変わらなかった.

5.1.3／2 自由度制御系との比較

　目標値センサも制御量センサも採用した，2 自由度制御系と前項の FF 制御の応答を比較してみよう.

　図 5.27 の FF 制御部に PD 制御（減衰重視）を加えた 2 自由度制御系（内部 2DOF 式 FF 制御（1 次式 FF + PD）＋PD 制御）を図 5.30 に示す.

　この 2 自由度制御系の応答と，図 5.27 の FF 制御系との応答との比較を図 5.31 に示す. 2 自由度制御のほうが，FF 制御よりも，横力の最大値や最小値が 0 に近い. ただし，2 自由度制御系のほうが，$0.2 \sim 1.2\,\mathrm{s}$ 間の操作量が振動的だ.

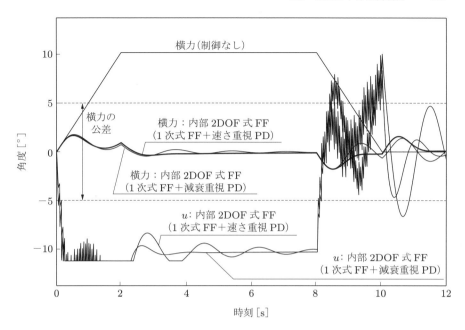

図 5.29　内部 2DOF 式 FF 制御（1 次式 FF + PD）における減衰重視 PD 定数と
　　　速さ重視 PD 定数との応答比較

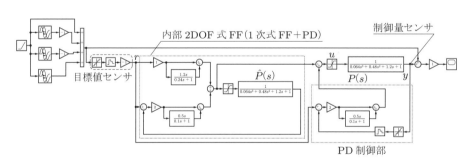

図 5.30　内部 2DOF 式 FF 制御（1 次式 FF + PD）と PD 制御部とを組み合わせた 2 自由度制御系
　　　（PD の定数は減衰重視の値）

　次に，2 自由度制御系の PID 定数の，減衰重視と速さ重視との応答の違いを図 5.32
に示す．この場合でも，減衰重視のほうが速さ重視よりも，振動がより少なく，その
割に応答の速さには顕著な差がない．

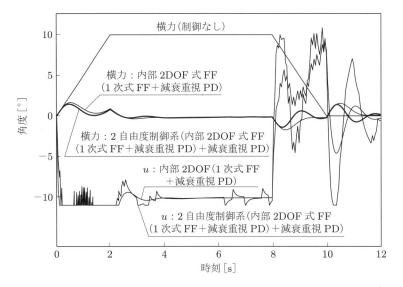

図 5.31　2 自由度制御系（内部 2DOF 式 FF 制御（1 次式 FF＋PD)＋PD 制御）と
　　　　　内部 2DOF 式 FF 制御（1 次式 FF＋PD）との応答比較（PD の定数は減衰重視の値）

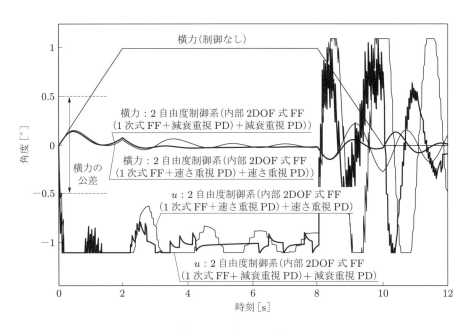

図 5.32　2 自由度制御系の PID 定数の応答比較

5.2／自動車の上下振動低減制御 •••••••••••••••••••••••••

この問題は 1.3 節でも少し触れたが，改めて考えよう．

> **問題**　自動車が走行すると，路面の凹凸のために，車体が上下に揺すられる（図 5.33(a)）．この上下振動はユーザーにとって不快なので，これをなくしたい．
>
> 　図 (b) のように路面による上下の揺れを打ち消すように車体に力を加えることで，上下の揺れを低減することができる．これを実現する制御を設計しよう．

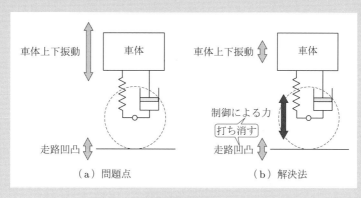

図 5.33　問題

▍Step1

ユーザーに提供する便益を式 (4.1) の形にすると，こうなる．

$$\text{不快な上下振動をなくす} \tag{5.9}$$

▍Step2

上式を式 (4.2) の形にする．具体的にはこうだ．

$$\text{上下振動} \approx 0 \tag{5.10}$$

▍Step3

　アクチュエータを選ぶ．上式 (5.10) 左辺の物理量は「上下振動」だ．そこで，上下振動を打ち消すように，「車体に力を加える」（図 5.33(b)）．「車体に力を加える」装置がアクチュエータで，その操作結果による車体の動きが制御量だ．ここでは，上下

加速度を制御量の候補にしよう．なお，操作量 ≠ 制御量だから，制御対象にアクチュ
エータは含めない．

　このアクチュエータには，電磁気や油圧の正統なアクチュエータと，**可変ダンパに
よる簡易アクチュエータ**がある．費用対効果により優れるのは可変ダンパだ．そこで，
可変ダンパをアクチュエータとしよう．

　ダンパとは，油を満たした筒の中をピストンが往復する部品だ．ピストンには穴が
あり，ピストンが動く際，穴の中を油が通る抵抗を減衰力という．穴の径を変える（穴
径操作）ことで，アクチュエータとして必要な操作量（減衰力）を制御するのが可変
ダンパだ（図 5.34）．可変ダンパは，穴の径を変えるだけで力が出せるから，安価だ．

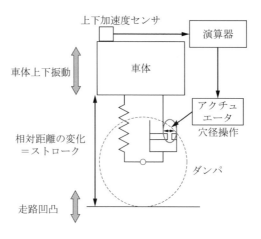

図 5.34　走路凹凸による車体上下振動低減制御

　ただし，任意の方向に力が出せる正統なアクチュエータとは異なり，可変ダンパは，
筒に対するピストンの速度（ストローク速度）と逆方向にしか力を出せない（簡易アク
チュエータの「簡易」とはこの意味だ）．だから，可変ダンパを使いこなすためには，
ストローク速度の符号と相関の高い符号の物理量を操作量にする必要がある．

┃Step4

　振動の「原因」は走路の凹凸だから，目標値センサは，走路の凹凸を計測するセン
サが第一候補だ．しかし，このセンサは費用が高い．

Step5

費用対効果の観点から，制御量センサだけで設計するのがよさそうだ．よって，表 4.2 に従うと，定値制御・PID 制御になる．

Step6

模式化入力を決める．路面の凹凸（上下変位）を周波数 1 Hz，振幅 0.01 m の 1 周期の sin 波で模式化しよう（図 5.35(a), (b)）．$\omega = 2\pi f$ だから，$f = 1$ Hz なら $\omega = 2\pi$ [rad/s] だ．したがって，この模式化入力の式はこうなる．

$$上下変位 = 0.01 \left(\frac{2\pi}{s^2 + (2\pi)^2} - \frac{2\pi}{s^2 + (2\pi)^2} e^{-1s} \right) \tag{5.11}$$

この右辺 ( ) 内第 1 項は 1 Hz の sin 波で，この sin 波を 1 秒後に打ち消すのが第 2 項だ．e^{-1s} は，1 秒の遅延を表している．この Simulink プログラムが図 (c) だ．

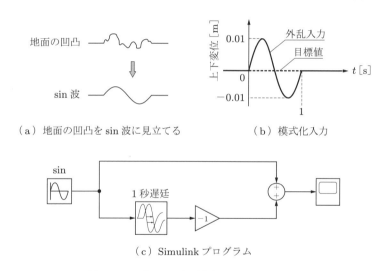

（a）地面の凹凸を sin 波に見立てる　　（b）模式化入力

（c）Simulink プログラム

図 5.35　凹凸による振動抑制制御の模式化入力

Step7

模式化入力の目標値に公差を図 5.36 のように設定する．この制御は定置制御だから目標値 ＝ 0 だ．路面入力の次元は変位だが，乗員の感じる物理量は加速度だと仮定して，加速度で公差を設定する．

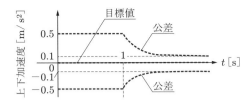

図 5.36 凹凸による振動抑制制御の目標周波数応答の公差

Step8

模式化入力からセンサの分解能を決める．サスペンションの共振のため，最大振幅を路面変位の 2 倍の 0.02 m としよう．センサとして加速度計を選んだから，変位を加速度に直す．この波形の周期は 1 s だから，周波数は $1\,[\mathrm{Hz}] = 2\pi\,[\mathrm{rad/s}]$ だ．$\sin\omega t$ の加速度は $-\omega^2\sin\omega t$ だから，加速度の振幅は $0.02 \times (2\pi)^2 \approx 0.8\,[\mathrm{m/s}]^2$ だ．この $1/10$ の $0.08\,\mathrm{m/s}^2$ 以下が，分解能の目安だ．

Step9

アクチュエータの**操作限界**を決める．最大加速度振幅が $0.8\,\mathrm{m/s}^2$ 程度だから，これに車体の質量をかけた値がアクチュエータの最大力の桁程度の目安だ．また，この模式化入力の速度振幅は $0.01 \times (2\pi) \approx 0.06\,\mathrm{m/s}$ だから，最大力の 0.06 倍に車体の質量をかけた値が，最大仕事率の桁程度の目安だ．

Step10

模式化入力は，ステップ的でもランプ的でもないから，定常偏差を気にせず PD 制御を選ぶ．ただし，この選択は，正統なアクチュエータが前提であり，この簡易アクチュエータには I 制御が用いられる（コラム参照）．I 制御のブロック線図は，図 2.11 において $K_\mathrm{P} = 0$ としたものだ．

Step11

K_I を大きくするほど，上下加速度が小さくなるが，K_I が大きいほどアクチュエータ（ダンパ）の作動ストロークが大きくなるので，ストローク限界で K_I が決まる．

Columun　**上下振動低減のＩ制御とそのネーミング**

　この制御（図 5.37(a)）は定値制御なので PID 制御だが，その中でもストローク速度の符号と相性がよいＩ制御が使われる．なぜなら，加速度を積分すると，絶対空間に対する速度（絶対速度という）になるからだ．絶対速度は，減衰力の発生源の「ストローク速度」に関連する（絶対速度＝ストローク速度＋路面上下変位速度）ので，両者の符号に高い相関が期待できるからだ（そのため，このＩ制御は，定常偏差対策ではない）．

　絶対速度に比例した減衰力とは，空と車体とを結ぶダンパ（図 5.37(b)）の減衰力と考えてもよいから，車体は，ダンパによって「空」から「吊り下げ」られているとも解釈できる．そのため，このＩ制御は**スカイフック制御**とよばれる．鉄道車両の横揺れ低減制御にも，横方向のスカイフック制御が使われることがある（図 5.38）．スカイフック制御が流行したためか，速度の向きと無関係に力が発生できる正統なアクチュエータでも，なぜかスカイフック制御が使われることがある．ネーミングの妙なのでしょうかねぇ．

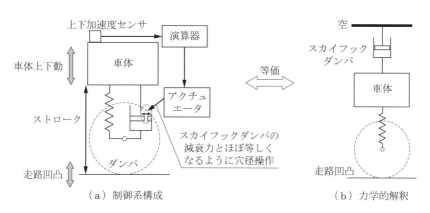

（a）制御系構成　　　　　　　　　　　　（b）力学的解釈

図 5.37　制御系の力学的解釈

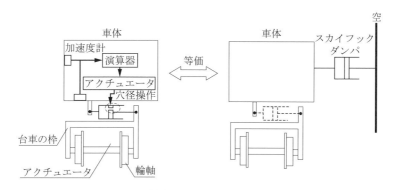

図 5.38　鉄道車両のスカイフック制御概念図

5.3／自動車のブレーキ時旋回防止制御 •••••••••••••••••••••••••••

問題　自動車のブレーキ力が左右で違うと，ブレーキ時に車の向きが変わってしまう（図 5.40(a)）．そのため急ブレーキをかけたときにスピンする危険性もあるので，ブレーキをかけても車の向きが変わらないようにしたい（図 (b)）．これを実現する制御を設計しよう．なお，この制御のことをブレーキ時旋回防止制御という．

　この制御センサとアクチュエータは，別の制御のものを流用する．その理由は，長くなるがこうだ．エンジンとモーターを使って走行するハイブリッド車では，制動時に，摩擦ブレーキだけでなく，発電機を回して電気ブレーキもかける．その合計が，ブレーキペダルの操作量に比例する．発電量は，バッテリーの充電状態などによって時々刻々変化するので，両者の配分も常に変わる．そのため，ペダルの操作量が一定でも，摩擦ブレーキ（以後，単に「ブレーキ」という）力を制御する必要がある．だから，ブレーキ力のセンサとブレーキのアクチュエータが存在するのだ．

　問題点はこうだ．ブレーキの制御系は，P 制御で，左右が独立した油圧制御システムだ（図 5.40 中の左輪，右輪の枠内）．製造公差による左右輪の応答の違いによって，左右の制動力の差によるモーメントが生じる．そのため，ブレーキを踏むと，車の向きが変わってしまう（**ブレーキ時旋回**という）ことが問題なのだ．

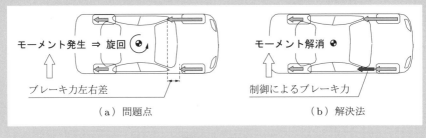

（a）問題点　　　　　　　　　　（b）解決法

図 5.39　問題

▌Step1

この問題の解決によってユーザーに提供する便益の式 (4.1)の形はこうだ．

$$\text{ブレーキ時に車の向きが変わらないようにする} \tag{5.12}$$

Step2

上式を式 (4.3) の形にすると，こうなる．

$$\text{ブレーキ力の左右差} \approx 0 \tag{5.13}$$

Step3

アクチュエータを選ぶ．上式 (5.13) 左辺の物理量はブレーキ力だから，アクチュエータはブレーキアクチュエータだ．もともとのブレーキ制御系のアクチュエータをこの制御系でも使おう．ブレーキ力の左右差を減らすために，ブレーキ力が小さいほうの車輪のブレーキ力を増やし，大きいほうを減らす（図 5.39(b)）から，ブレーキ力の左右差（左右制動力差という）が制御量だ．なお，アクチュエータの操作量 = 制御量だから，アクチュエータも制御対象に含める．

Step4

目標値センサの候補を考える．ブレーキ時旋回の「原因」は，部品の製造公差内のバラツキだ．これは偶然性で決まるので，原因を遡れないため，目標値センサは存在しえない．

Step5

制御系の上位バリエーションを選ぶ．制御量センサだけを使うから，PID 制御を選ぶ（したがって，目標値 = 0 だ）．

式 (5.13)のための PID 制御が，図 5.40 の中段部分で，左右制動力差補償部とよばれる．この部分で，左右輪の制動力差の比例値と微分値を，左右輪の目標値にフィードバックする．たとえば，左輪の制動力が右輪よりも大きければ，左輪の制動力を減らし，右輪を増やす．

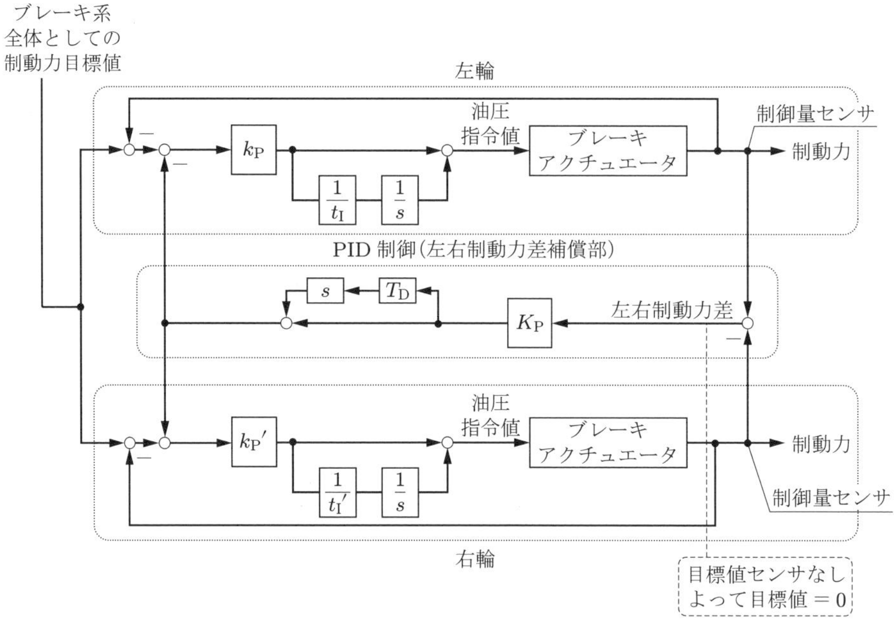

図 5.40　左右独立ブレーキ制御とその左右制動力差補償制御

Step6

　制御設計に使う模式化（外乱）入力を決める．まず，急ブレーキ時の，ブレーキ全体の制御力の目標値を，10000 N のステップ入力とし，左右差はその 1/10 の 1000 N とする．左右のブレーキ制御は PI 制御だから 1 型であり，模式化入力のステップに対して定常偏差がない．そのため，左右の制御力差が生じるのは過渡だけだ．そこで，外乱入力である左右制動力差を，1 秒間だけのステップ入力で模式化する（図 5.41）．ステップ入力は $1/s$，1 秒遅延は e^{-1s} だから，模式化入力の式はこうだ．

$$制御力の目標値 = 1000 \cdot \frac{1}{s}(1 - e^{-1s}) \tag{5.14}$$

上式 (5.14) の（　）内第 1 項はステップの立ち上がりを表し，これを 1 秒後に打ち消すのが第 2 項だ．この Simulink プログラムが図 5.42 だ．

Step7

　制御量の公差を図 5.43 のように設定する．制御量である左右制動力差の公差は，ブレーキ時旋回を許容できる（ハンドルの微修正で済む）値にする．

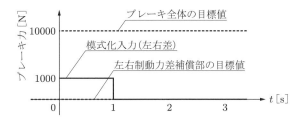

図 5.41 制御力目標値の模式化入力 (外乱と目標)

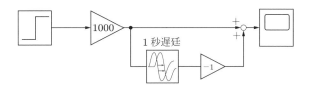

図 5.42 式 (5.14), 図 5.41 の Simulink プログラム例

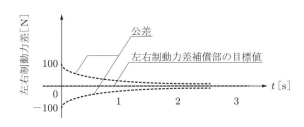

図 5.43 左右ブレーキ力差解消制御の公差

Step8

模式化入力の左右制動力差の最大値が 1000 N だから, 分解能はその 1/10 の 100 N 以下になる.

Step9

アクチュエータの操作限界を設定する. 図 5.43 のブレーキ力差を 0 にするには, 左右制動力差と同じ 1000 N の最大力が必要だ. したがって, もともとのアクチュエータ片輪分の最大力を, 1000 N の半分である 500 N ずつ増やす必要がある.

Step10

Step5 で上位バージョンは PID 制御を選んだ．図 5.41 の模式化入力は，過渡だけ
を想定したので，表 4.4 ではインパルス外乱を選ぶ．すると 0 型になるので，左右ブ
レーキ力差解消制御部は PD 制御になる．

Step11

Simulink で，図 5.40 の左右制御力差として図 5.41 の模式化（外乱）入力を加える．
左右の制動力差の波形を見ながら，減衰の様子が相場感に合うように，$K_P \to T_D \to \gamma$
の順に決める．

Columun

　この制御を考えたのは，素の PID 一本槍だった当時の私だ．本文で話したように，左
右ブレーキ制御解消部は PD 制御でよいのだが，素の PID 一本槍だった私は，PID 制
御で達人に見てもらったところ，達人は言下に「I はいらない」と否定した．その理由を
自分で考えたことも，達人がカスタマイズしていることに気づけた一つの契機になった．
皆さんは，私のような恥をかかないように，ぜひカスタマイズを身に着けて下さい．

付　録

基礎事項

付録 A

ブロック線図による数式の視覚化

制御工学では，数式を視覚的に理解するために，数式をブロック線図で表す．ここでは，ブロック線図で PID 制御を描けるようになろう．

A.1／記号

ブロック線図の例が図 A.1(a) だ．ブロック線図は，数式を「→」や「□」，「○」，「•」を使って表す．「→」の左は入力を，右は出力を表す．

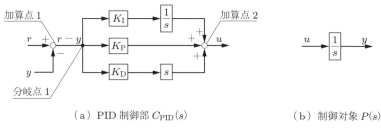

（a）PID 制御部 $C_{\mathrm{PID}}(s)$ 　　　　　　（b）制御対象 $P(s)$

図 A.1　ブロック線図の計算

ブロック線図で使われる記号は三つある．

一つ目はかけ算の記号だ．かけ算は，かけるべき数や式を $\boxed{数}$ や $\boxed{式}$ のように枠で囲むことで表す．たとえば，積分 $1/s$ をかけることを $\boxed{1/s}$ と表す．だから，図 A.1(b) は，$y = (1/s)u$ を表す．また，図 A.1(a) の上部の $\boxed{K_{\mathrm{I}}}\!\rightarrow\!\boxed{1/s}$ は，K_{I}/s を表す．かけ算は，かける順序を入れ替えられるから，図 A.2(a)，(b) のように，ブロックの順序も入れ替えるられる．また，ブロックを統合して，図 A.2 (c)〜(e) のように表すこともできる．

二つ目は足し算や引き算の記号○で，○を加算点という．加算点に流入する矢印のそばに，足し算なら＋，引き算なら − をつける．ただし，＋は省いてもよい．この計算結果が○から流出する．たとえば，図 A.1(a) の加算点 1 の流入側は $+r$ と $-y$ だから，加算点 1 から $r - y$ が流出する．

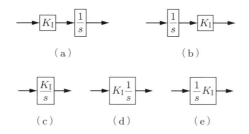

図 A.2 かけ算の等価変換：(a)〜(e) はすべて K_I/s を表す

　三つ目は，**分岐点**の記号「•」だ．図 A.1(a) の分岐点 1 では，加算点 1 から流出した $r-y$ が $\boxed{K_\mathrm{I}}$ や $\boxed{K_\mathrm{P}}$，$\boxed{K_\mathrm{D}}$ の三方に分岐する．分岐点の直前と直後の値は同じだ．

　第 2 章でみたバケツの水入れ PID 制御の式 (2.28)

$$u = K_\mathrm{P}(r-y) + K_\mathrm{I}\frac{r-y}{s} + K_\mathrm{D}(r-y)s \qquad\qquad (2.28\ \text{再掲})$$

をこれらの記号によって表したのが，図 A.1(a) だ．また，図 A.1(b) は，そのときのバケツ（底面積 1）の水位の式

$$y = \frac{u}{s} \qquad\qquad (2.7\ \text{再掲})$$

に相当する式だ．これらの式が，それぞれの伝達関数だ．

A.2／ブロック線図の結合 ●●●●●●●●●●●●●●●●●●●●●●●●●●●●●●●●●●●

　ブロック線図は結合できる．図 A.1(a) と (b) とを結合させたブロック線図が図 A.3だ．ブロック線図の統合方法は，共通する変数を「→」で結ぶことだ．

　たとえば，図 A.1(a) と (b) とに共通する変数は u と y だ．u は，図 A.1(a) の右端の矢印「→」を延長して，図 A.1(b) の左端の矢印「→」と結ぶ．同様に y は，図A.1(b) の右端と，図 A.1(b) の左端とを結ぶ．その際，分岐点 2 を追加する．

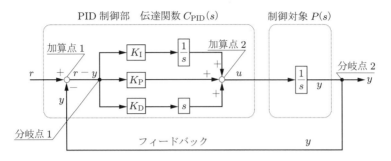

図 A.3　図 A.1(a) と (b) とをつなげたブロック線図

A.3／フィードバックループをもつ制御系の伝達関数 ∙∙∙∙∙∙∙∙∙∙∙∙∙

　ブロック線図の伝達関数は，A.1 節で話したように，左から右に，順に計算していけばいい．しかし，フィードバックループがあると，右から左に戻ってしまうから，一筋縄ではいかない．フィードバックループがあるときに伝達関数を求める方法はこうだ．右端の分岐点から計算を始めて，

$$1 \text{ 周して右端の分岐点 2 に戻ってきたときの式} = \text{右端の変数} \qquad \text{(A.1)}$$

の式を立て，右端の変数について解く．

　たとえば，図 A.4 では，右端の変数の y についての式を立てる．分岐点からスタートした y が ① → ② → ③ → ④ と変化して，再び分岐点に戻って来るので，④ $= y$ とした式

$$K(u \mp Gy) = y \qquad \text{(A.2)}$$

を y について解き，その解をさらに u で割ると

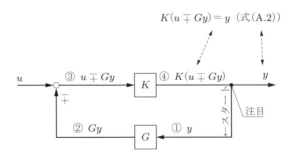

図 A.4　フィードバックループをもつブロック線図の伝達関数の計算

$$\frac{y}{u} = \frac{K}{1 \pm KG} \tag{A.3}$$

となる．この式が，フィードバックがあるときの伝達関数の公式だ．なお，この式の複号 $\pm$ は，図 A.4 の加算点の複号 $\mp$ と同順だ．たとえばこの公式を使うと，図 A.3 の伝達関数 y/r は，こうなる．

$$\frac{y}{r} = \frac{K_{\mathrm{D}} s^2 + K_{\mathrm{P}} s + K_{\mathrm{I}}}{(1 + K_{\mathrm{D}}) s^2 + K_{\mathrm{P}} s + K_{\mathrm{I}}} \tag{A.4}$$

A.4╱Simulink のプログラム法 ●●●●●●●●●●●●●●●●●●●●●●●●●●●●

Simulink のプログラム法は，ブロック線図に準じる．Simulink のおもな要素を表 A.1 に，P 制御，PI 制御，PID 制御の Simulink プログラム例を図 A.5～A.7 に示す．

表 A.1 Simulink プログラムに使うおもな要素

入力系		計算系		結果表示系	
要素	意味	要素	意味	要素	意味
Ramp	ランプ入力 $r = t$	Gain	比例定数	Scope	計算結果の時間軸表示
Sine Wave	sin 入力 $r = \sin \omega t$	Integrator	積分	Mux	波形の重ねがき
Step	ステップ入力 $r = 0 \ (t < 0)$ $r = 1 \ (t \geq 0)$	Derivative	微分		
		Sum	足し算・引き算		
		Transport Delay	τ 秒遅延		
		Transfer Fcn	伝達関数		

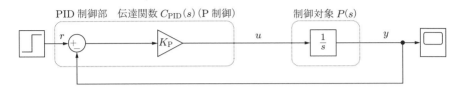

図 A.5　P 制御のプログラム例（図 2.6 の Simulink プログラム．図 2.10 の計算に使用）

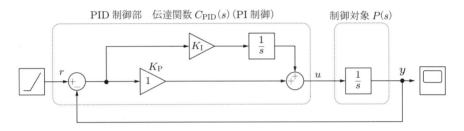

図 A.6　PI 制御のプログラム例（図 2.15 の Simulink プログラム．図 2.18 の計算に使用）

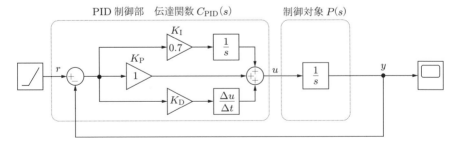

図 A.7　PID 制御のプログラム例（図 2.20 の Simulink プログラム．図 2.25 の計算に使用）

付録 **B**

周波数応答

時間軸波形は sin 波の組み合わせで表現できる．そこでここでは，sin 波に対する応答を図示するボード線図を解説しよう．これらを身につけることによって，安定余裕や交差周波数をより深く理解できるようになる．

B.1／sin 波に対する応答 ●●●●●●●●●●●●●●●●●●●●●●●●●●●●●●●●

図 B.1 に示される伝達関数 $G(s)$ に，連続した sin 波 u を入力する．このときに，図 B.2 のように出力される y の定常応答の sin 波に注目する．振幅が 1 の時刻 t における sin 波は

$$u = 1\sin\omega t \tag{B.1}$$

と表される．ここで，ω は**角周波数**とよばれ，単位は rad/s だ[†]．1 秒間あたりの波の数である**周波数** f と ω とには，

$$\omega = 2\pi f \tag{B.2}$$

の関係がある．なお，f の単位は Hz（ヘルツ）だ．

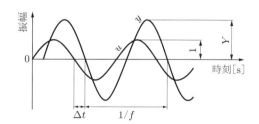

図 B.1　伝達関数 $G(s)$ の定義

図 B.2　振幅比と位相：定常部分の $Y/1$ が振幅比 Y で，位相角 ϕ は $\phi = -\Delta t/(180f)$ [°] だ

[†]　$1\,[\mathrm{rad}] = 180/\pi\,[°] \approx 57.3\,[°]$ だ．したがって，rad/s を Hz に直すには，rad/s で表される数値を 2π で割ればよい．たとえば，$6.28\,[\mathrm{rad/s}] = 6.28/(2\pi)\,[\mathrm{Hz}] \approx 1\,[\mathrm{Hz}]$ だ．

式 (B.1)の sin 波を $G(s)$ に入力すると，出力 y も sin 波になる．この y を

$$y = Y\sin(\omega t + \phi) \tag{B.3}$$

と表す．ここで，ϕ は**位相**または**位相角**とよばれるもので，$\phi = -\Delta t/(180f)\,[°]$ だ．Δt は u に対する y の遅れ時間だ．u と y との振幅比は

$$\frac{y}{u} = \frac{Y}{1} = Y \tag{B.4}$$

だ．次に，この振幅比 Y を，

$$g = 20\log_{10} Y \tag{B.5}$$

と表す．この対数による表し方を**レベル表示**という．g の単位は dB（デシベル）で，g を**ゲイン**という．Y と g との関係を表 B.1 にまとめた．

表 B.1　ゲイン換算表

Y	1/100	1/10	1/2	$1/\sqrt{2}$	1	$\sqrt{2}$	2	10	100
g	$-40\,\mathrm{dB}$	$-20\,\mathrm{dB}$	$-6\,\mathrm{dB}$	$-3\,\mathrm{dB}$	$0\,\mathrm{dB}$	$3\,\mathrm{dB}$	$6\,\mathrm{dB}$	$20\,\mathrm{dB}$	$40\,\mathrm{dB}$

位相の単位は，MATLAB では度（°）だ．ゲインも位相も，ω によって変化する．この変化を図示するため，横軸に ω，縦軸にゲインの図と，横軸に ω，縦軸に位相の図とを並べたものを，**ボード線図**という．ボード線図の例が図 B.3 だ．また，ボード線図によって表される応答を**周波数応答**という．

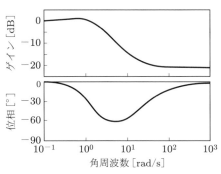

図 B.3　ボード線図の例：このボード線図は，後述の式 (B.8)の出力結果だ．

B.2／周波数応答の計算法 •••••••••••••••••••••••••••••

周波数応答の計算で最初に行うのは，伝達関数 $G(s)$ に

$$s = j\omega \tag{B.6}$$

を代入することだ[†1]. $s = j\omega$ が代入された関数 $G(j\omega)$ を**周波数応答関数**といい，その英語（Frequency Response Function）の頭文字から **FRF** ともいう.

$j\omega$ は虚数だから，$G(j\omega)$ の値は複素数だ．その複素数の絶対値 $|G(j\omega)|$ のレベル (dB) 表示がゲイン，複素数の偏角 $\angle G(j\omega)$ が位相角だ．$|G(j\omega)|$ や $\angle G(j\omega)$ の ω を変化させてゲインや位相の図を描いた図がボード線図だ．ボード線図の計算は，次節で話すように MATLAB を使うと楽だ．

B.3／MATLAB による周波数応答の求め方 •••••••••••••••••

MATLAB でボード線図を描くには bode コマンドを使う．これを，伝達関数

$$\frac{y}{r} = \frac{0.1s^2 + 2s + 1}{1.1s^2 + 2s + 1} \tag{B.7}$$

を例に話そう[†2]．この伝達関数のボード線図は，MATLAB に，

$$\texttt{bode([0.1\ \ 2\ \ 1],[1.1\ \ 2\ \ 1])} \tag{B.8}$$

と入力し，Enter キーを押すと表示される．上式の [0.1 2 1] は，式 (B.7)の分子の s の係数を高次から低次に半角空白区切りで並べたもので，[1.1 2 1] は分母の係数だ．半角空白のかわりに，カンマで区切ってもよい．式 (B.8)で表示したボード線図が，B.1 節でみた図 B.3 だ．

B.4／応答の速さの目安 •••••••••••••••••••••••

$\omega = 0$ のときのゲインよりも $3\,\mathrm{dB}$ 小さい（$1/\sqrt{2}$ 倍）ゲインの角周波数（図 B.4）を**遮断角周波数**といい，ω_{off} と書く[†3]．ω_{off} は，ある伝達関数が入力に追従できる上限の角周波数の一つの目安（指標）や，応答性の高さの目安（指標）だ．

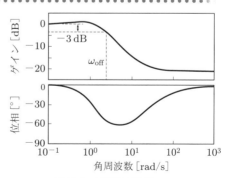

図 B.4 遮断角周波数 ω_{off}

[†1] s は微分の記号で，$j\omega$ は周波数領域の微分の記号だ．よって，両者を等しいとおくことができる．

[†2] この式は，式 (A.4)に $K_{\mathrm{D}} = 0.1$，$K_{\mathrm{P}} = 2$，$K_{\mathrm{I}} = 1$ を代入したものだ．

[†3] 遮断角周波数という名称の由来は C.4 節で話す．

代表的な伝達関数

制御系の伝達関数の意味をボード線図上で理解できるようになるために, 代表的な伝達関数の周波数応答を身につけよう. なお, 伝達関数を断りなく $y/u = G(s)$ と書く. また, 周波数応答の計算法は B.2 を参照してほしい.

C.1／比例

比例 (P) とは,

$$G(s) = K_\mathrm{P} \qquad \text{(C.1)}$$

で表される伝達関数だ. 比例によって, 入力の K_P 倍が出力される. 比例の周波数応答は, あらゆる ω で, ゲインは $20 \log_{10} K_\mathrm{P}\,[\mathrm{dB}]$, 位相は $0°$ だ (図 C.1).

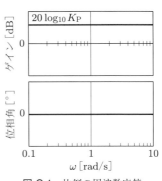

図 C.1　比例の周波数応答

C.2／積分

積分 (I) の伝達関数は,

$$G(s) = \frac{1}{s} \qquad \text{(C.2)}$$

で, 単位は s だ. 積分の周波数応答はこうだ. ゲインは, $\omega = 1$ のとき $0\,\mathrm{dB}$ (1 倍) を通る右下がりの直線だ (図 C.2). この傾きは, ω が 10 倍増えるごとにゲインが $20\,\mathrm{dB}$ 減る (1/10 倍) 勾配だ. 周波の 10 倍間隔を 1 デカードとよび, dec と書くので, 積分ゲインの傾きを

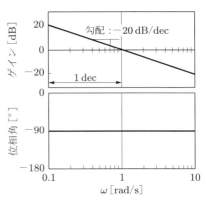

図 C.2　積分の周波数応答：$1/(j\omega)$

$-20\,\mathrm{dB/dec}$ と書く. 位相角はあらゆる ω で $-90°$ だ.

C.3／微分 ●●●●●●●●●●●●●●●●●●●●●●●●●●●●●●●

微分 (D) の伝達関数は,

$$G(s) = s \qquad\qquad \text{(C.3)}$$

で,単位は $1/\mathrm{s}$ だ.微分の周波数応答はこうだ.ゲインは,$\omega = 1$ のとき $0\,\mathrm{dB}$（1 倍）を通る右上がりの直線で,傾きは $+20\,\mathrm{dB/dec}$ だ（図 C.3）.位相角はあらゆる ω で $90°$ だ.

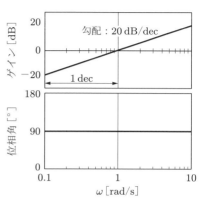

図 C.3　微分の周波数応答：$j\omega$

C.4／一次遅れ系 ●●●●●●●●●●●●●●●●●●●●●●●●●●●

C.4.1／応答

伝達関数の形が

$$G(s) = \frac{1}{Ts+1} \qquad\qquad \text{(2.12 再掲)}$$

のように,分母が s の 1 次式,分子が 0 次式の伝達関数を**一次遅れ系**という.T は**時定数**とよばれる正の実数で,単位は s だ.

ランプ入力のときの式 (2.12) の時間軸波形を図 C.4 に示す.定常状態の r と y との時間差（や定常偏差）が T だから,まさに一次「遅れ」だ.

単位ステップ入力とそれに対する応答が図 C.5 だ.T は,一次遅れ系の応答の原点における接線と,漸近線とが交わる時刻だ.原点での接線を「過渡状態の近似」,漸近線を「定常状態の近似」と考えれば,T は両者の境目の時刻といえる.したがって,T は「過渡状態と定常状態の境目の時刻」や「過渡状態の継続時間の長さ」,「一次遅れ系が定常状態になるまでの時間の長さ」,「応答の遅さ」などの目安だ.

一次遅れ系の周波数応答を図 C.6 に示す.ゲインは,$\omega = 0$ では $0\,\mathrm{dB}$ で水平,$\omega = \infty$ では $-20\,\mathrm{dB/dec}$ の勾配だ.$0\,\mathrm{dB}$ を通る水平線と $-20\,\mathrm{dB/dec}$ の勾配の線とで一次遅れ系ゲインを近似した線を,**ゲインの折れ線近似**といい,それらの交点の角周波数

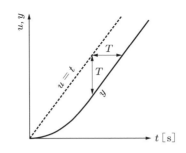

図 C.4　ランプ入力に対する一次遅れ系の応答

（a）ステップ入力

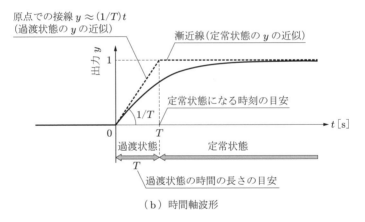

（b）時間軸波形

図 C.5　ステップ入力に対する一次遅れ系の応答（図 2.9 再掲）

$1/T$ [rad/s] を**ゲインの折れ点角周波数**という．ゲインの折れ線近似の誤差は最大で 3.0 dB だ．なお，図 C.6 の横軸は，一般化のために折れ点角周波数 $1/T$ と ω との比で表している．

　一次遅れ系の位相角は，$\omega = 0$ のとき $0°$ で水平，$\omega = 1/T$ [rad/s] のとき $-45°$ で右下がりの勾配，$\omega = \infty$ のとき $-90°$ で水平だ．$\omega = 1/T$ [rad/s] のときの位相の接線と，二つの水平線とで位相を折れ線近似すると，位相が変化するのは $1/(5T) < \omega < 5/T$ の範囲だ．逆に，$\omega \leq 1/(5T)$ [rad/s] では $0°$（一定），$\omega \geq 5/T$ [rad/s] では $-90°$

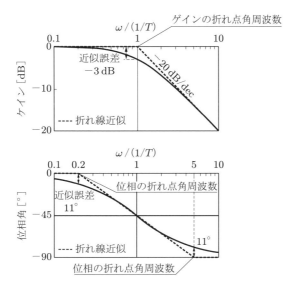

図 C.6 一次遅れ系の周波数応答 $1/(jT\omega + 1)$

（一定）だ．これを**位相の折れ線近似**という．位相の折れ点角周波数は $\omega = 1/(5T)$ と $5/T$ であり，近似誤差は最大で 11° だ．

ゲインの折れ線近似と位相角の折れ線近似との観点から，一次遅れ系の周波数応答をもう一度みてみよう．$\omega < 1/(5T)$ でゲインは水平，位相角は 0° だから，この付近では比例とほぼ同じ応答だ．一方，$\omega > 5/T$ では，ゲインの勾配は $-20\,\mathrm{dB/dec}$，位相角は $-90°$ だから，この付近では積分とほぼ同じ応答だ．このように一次遅れ系は，比例と積分との合いの子のような伝達関数だ．

C.4.2／信号通過

信号通過の観点から一次遅れ系の周波数応答をみてみよう．ゲインの折れ線近似では，$\omega > 1/T\,[\mathrm{rad/s}]$ のとき，$0\,\mathrm{dB}$（1 倍）よりも小さいので，入力よりも出力が小さい．これを，「出力が遮断される」と解釈すると，一次遅れ系は，$1/T\,[\mathrm{rad/s}]$ よりも低い（ロー）周波数の信号だけが通過（パス）する**ローパスフィルタ**とみなせる．ローパスフィルタとは，ある周波数よりも低周波の信号をおもに通過させ，高周波の信号を減らす伝達関数のことなので，制御系本来の信号とは違う高周波成分の信号（ノイズ）を低減するために使われる（そのため，表 2.3 中の「ノイズ低減」ブロックとして一次遅れ系が示されている）．ローパスフィルタによるノイズ低減の例が図 C.7 だ．

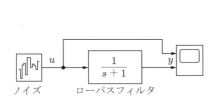 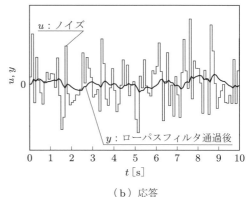

（a）Simulink プログラム（$T = 1$）　　　　　（b）応答

図 C.7　ローパスフィルタのノイズ低減機能

ローパスフィルタを通すと，波形は滑らかになるとともに遅れる．

　このように，通過と遮断との境界の角周波数の目安が $1/T$ なので，B.4 節では $1/T$ を**遮断角周波数**といい，ω_{off} と書いたのである．

　$\omega_{\text{off}}\,[\text{rad/s}]$ での，ゲインは，折れ線近似よりも 3 dB 小さかった．これを準用して，一次遅れ系でない周波数応答でも，$\omega = 0$ のときのゲインよりも 3 dB 低いゲインになる ω を遮断角周波数というのだ．

C.4.3／Simulink における一次遅れ系の設定法

　一次遅れ系を Simulink で設定する方法はこうだ．たとえば，

$$\frac{1}{2s + 3} \tag{C.4}$$

を設定するには，Transfer Fcn ブロックをクリックすると現れる「ブロックパラメータ」設定画面の「分子係数」に

$$[1] \tag{C.5}$$

を，「分母係数」に

$$[2 \quad 3] \tag{C.6}$$

を入力する（2 と 3 との間は半角空白）．これで完了だ．なお，Transfer Fcn ブロックは，一次遅れ系以外にも使える．たとえば，

$$P(s) = \frac{y}{u} = \frac{b_n s^n + b_{n-1}s^{n-1} + \cdots + b_1 s^1 + b_0}{a_m s^m + a_{m-1}s^{m-1} + \cdots + a_1 s^1 + a_0} \qquad (3.7 \text{再掲})$$

のときは，設定画面の「分子係数」に

$$[b_n \; b_{n-1} \; \cdots \; b_1 \; b_0] \qquad (C.7)$$

を，「分母係数」に

$$[a_m \; a_{m-1} \; \cdots \; a_1 \; a_0] \qquad (C.8)$$

を入力すればよい．

C.5／二次遅れ系

伝達関数の形が

$$G(s) = \frac{\omega_\mathrm{n}^2}{s^2 + 2\zeta\omega_\mathrm{n}s + \omega_\mathrm{n}^2} \qquad (C.9)$$

のように，分母が s の2次式，分子が0次式の伝達関数を**二次遅れ系**という．

ランプ入力に対する式 (C.9) の時間軸波形が図 C.8 だ．y の u に対する「遅れ」時間や，定常値偏差は $2\zeta/\omega_\mathrm{n}$ だ．次にステップ応答を図 C.9 に示す．この図のように，周期的な入力を与えなくても，二次遅れ系の応答は振動的になる．その角周波数の目安が，式 (C.9) 中の ω_n で，これを**固有振動数**とよび，単位は rad/s だ．ω_n と振動の時間軸波形の一つの波の時間を**周期** T_n という．T_n と ω_n とには，

$$T_\mathrm{n} = \frac{2\pi}{\sqrt{1-\zeta^2}\omega_\mathrm{n}} \qquad (C.10)$$

の関係がある．ζ は**減衰比**とよばれる正の実数の係数で，単位は無次元だ．振動が生じるのは $\zeta < 1$ のときで，ζ が大きいほど，振動はより早く収まる（図 C.9）．また，$\zeta \geq 1$ では振動が生じない†．

二次遅れ系の周波数応答が図 C.10 だ．この図の横軸は，一般化のために固有振動数 ω_n と ω との比で表してある．ζ が小さいほど，ゲインの最大値が大きい．また，$\omega \gg \omega_\mathrm{n}$ でのゲインの傾きは $-40\,\mathrm{dB/dec}$ だ．位相角は，$\omega = 0$ のとき 0°，$\omega = \omega_\mathrm{n}$

---

† $\zeta \geq 1$ のとき，二次遅れ系は二つの一次遅れ系に分解できるため，振動的にならないからだ．

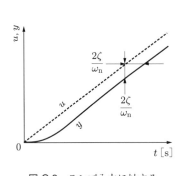

図 C.8　ランプ入力に対する
2 次遅れ系の応答

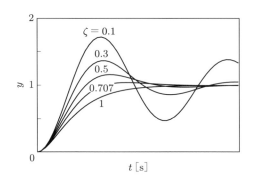

図 C.9　高さ 1 のステップ入力に対する
二次遅れ系の応答

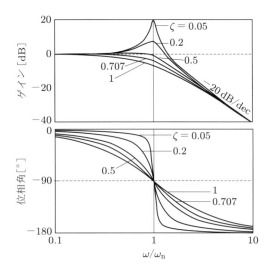

図 C.10　二次遅れ系の周波数応答 $\dfrac{\omega_{\mathrm{n}}^2}{(j\omega)^2+2j\zeta\omega_{\mathrm{n}}\omega+\omega_{\mathrm{n}}^2}$

のとき $-90°$, $\omega = \infty$ のとき $-180°$ だ.

　なお，分母が s の 3 次式以上のとき，二次遅れ系と一次遅れ系との組み合わせに分
解できる.

C.6／一次進み系 ●●●●●●●●●●●●●●●●●●●●●●●●●●●●●●

伝達関数の形が

$$G(s) = T_\mathrm{L}s + 1 \tag{C.11}$$

のように，s の 1 次式の伝達関数を**一次進み系**という．T_L は**進み時定数**とよばれ，単位は s だ．

ランプ入力に対する一次進み系の時間軸波形が図 C.11 だ．u よりも y は T_L 秒進み，定常偏差は $-T_\mathrm{L}$ だ．

一次進み系の伝達関数は，一次遅れ系の逆数のため，一次遅れ系の周波数応答（図 C.6）を上下逆さまにした周波数応答だ（図 C.12）．そのため，折れ点角周波数などの一次遅れ系の用語を一次進み系にも準用する．ゲインの折れ点角周波数は $\omega = 1/T_\mathrm{L}$ で，位相角の折れ点角周波数は $\omega = 1/(5T_\mathrm{L})$ と $5/T_\mathrm{L}$ だ．

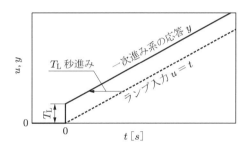

図 C.11　ランプ入力に対する一次進み系の応答

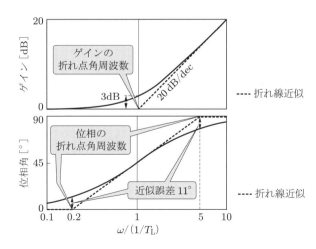

図 C.12　一次進み系の周波数応答 $jT_\mathrm{L}\omega + 1$

C.7／近似微分 ●●

　厳密には，リアルタイムの微分はできない．なぜなら，現在時刻の値の微分とは，過去の値と未来の値の差を時間差で割ったものであるが，未来の値はわからないからだ．そこで，厳密な微分 s のかわりに，リアルタイム微分が可能な**近似微分**を使う．近似微分と PID 制御部の微分時間 T_D とを一体とした式は，

$$T_\mathrm{D}s \approx \frac{T_\mathrm{D}s}{\gamma T_\mathrm{D}s + 1} \tag{2.37 再掲}$$

だ．T_D の上限は，2.1.3 項で述べたように，サンプリング周期の $1/50 \sim 1/20$ 程度とされる．$1/\gamma$ は**微分ゲイン**（3.3.4 項のコラム「近似微分の FF 制御的理解」参照）とよばれ，$\gamma \ll 1$ だ．

　式 (2.37) の右辺は，微分 $T_\mathrm{D}s$ 項と一次遅れ項 $1/(\gamma T_\mathrm{D} + 1)$ とのかけあわせとみることができる．一次遅れ系はローパスフィルタとしてもはたらくから，γ が大きいほどノイズを遮断しやすくなるが，その分，遅れも大きくなる．

　完全な微分 s と近似微分（$\gamma T_\mathrm{D} = 0.15$）との応答の比較が図 C.13 だ．近似微分の応答は，過渡状態では完全な微分の応答と顕著に乖離する．過渡状態と定常状態との境目の時刻の目安は，時定数 γT_D [s] だ．

　近似微分の周波数応答が図 C.14 だ．一般化のために，この図の横軸は折れ点角周波数 $1/\gamma T_\mathrm{D}$ と ω との比で表してあり，縦軸は $T_\mathrm{D} = 1$ としてある．ゲインの折れ線近似が完全な微分と重なるのは，$\omega < 1/(\gamma T_\mathrm{D})$ の領域だ．だから，折れ点角周波数よりも低周波側を近似的に微分として使うことができる．なお，$1/\gamma$ を微分ゲインとよぶ理由は 3.3.4 項のコラム「近似微分の FF 制御的理解」を参照してほしい．

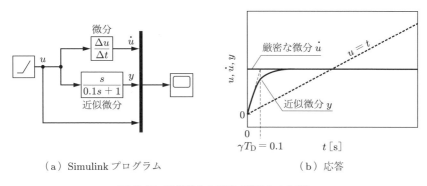

（a）Simulink プログラム　　　　　　　（b）応答

図 C.13　近似微分の応答（微分との比較）

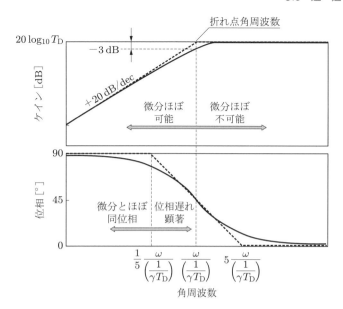

図 C.14　近似微分の周波数応答

C.8／遅　延　●●

伝達関数が

$$G(s) = e^{-\tau s} \tag{C.12}$$

の形の伝達関数を**遅延**という．τ は**むだ時間**とよばれる正の実数で，単位は s だ．むだ時間は，図 C.15 のように，入力波形をそのままの形で τ 秒遅らせる．式 (C.12) の周波数応答が図 C.16 で，すべての ω でゲインは 0 dB（1 倍）になる．位相角 ϕ は，

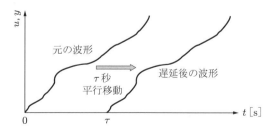

図 C.15　τ 秒のむだ時間の時間軸の応答

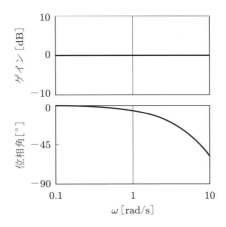

図 C.16　むだ時間の周波数応答（$\tau = 1\,\mathrm{s}$）

$$\phi = -\frac{180}{\pi}\omega\tau \ [°] \tag{C.13}$$

だ．そのため，ω に比例して位相遅れが大きくなる．

C.9／合成された伝達関数の周波数応答 ·······················

　PID 制御は，P や I，D を合成して作った伝達関数だ．そこで，ここでは合成された伝達関数の周波数応答の作成法を身につけよう．

　なお，例として $T = 10$ の一次遅れ系

$$G(s) = \frac{1}{10s + 1} \tag{C.14}$$

を合成の素として使う．

▍かけ算

　ボード線図上のかけ算は，ゲインどうしと位相角どうしをそれぞれ足す．割り算は，割られるほうの伝達関数のゲインや位相角から，割るほうのゲインや位相角をそれぞれ引く．

　代表的な伝達関数のかけ算の例を紹介しよう．

　伝達関数を定数倍すると，ゲインは定数倍の分のレベルが増え，位相角は変わらない．式 (C.14) と $H(s) = 10$ とのかけ算の周波数応答が図 C.17 だ．$G(s)H(s)$ のゲイ

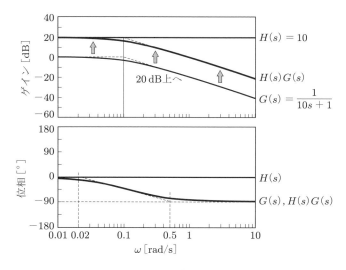

図 C.17 ボード線図上の比例倍

ンは，ボード線図では $G(s)$ のゲインと $H(s)$ のゲインとの和になる．この場合 $H(s)$ のゲインは 20 dB だから，$G(s)H(s)$ のゲインは $G(s)$ のゲインを 20 dB 上方へ平行移動したものになる．$G(s)H(s)$ の位相角も $G(s)$ の位相角と $H(s)$ の位相角の和になる．ただし，この場合，$H(s)$ の位相角は 0 だから，$G(s)H(s)$ の位相角は $G(s)$ の位相角と変わらない．

　伝達関数を積分すると，ゲインは -20 dB/dec 傾き，位相角は $90°$ 遅れる．n 階積分のときは，ゲインは $-20n$ [dB/dec] 傾き，位相角は $90n$ [°] 遅れる．$\omega = 1$ でのゲインは，何回積分しても変わらない（不動点）．式 (C.14)と $H(s) = 1/s$（積分）とのかけ算の周波数応答が図 C.18 だ．

　伝達関数を微分すると，ゲインは 20 dB/dec 傾き，位相角は $90°$ 進む．n 階微分のときは，ゲインは $20\,n$ [dB/dec] 傾き，位相角は $90n$ [°] 進む．$\omega = 1$ でのゲインは，何回微分しても変わらない（不動点）．式 (C.14)と $H(s) = s$（微分）とのかけ算の周波数応答が図 C.19 だ．この図の例のように，一次遅れ系に s をかけた伝達関数が，C.7 節の**近似微分**だ．

　最後に，一次遅れ系どうしのかけ算を折れ線近似で説明する．ゲインは，小さいほうの折れ点角周波数よりも低周波側で水平，大きいほうの折れ点角周波数よりも高周波側で -40 dB/dec の勾配だ．位相角は，小さいほうの折れ点角周波数の 1/5 倍の角周波数以下で $0°$，大きいほうの折れ点角周波数の 5 倍の角周波数以上で $-90°$ だ．式 (C.14)と $H(s) = 1/(s+1)$ とのかけ算の周波数応答が図 C.20 だ．

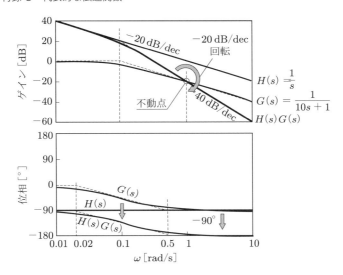

図 C.18　ボード線図上の積分

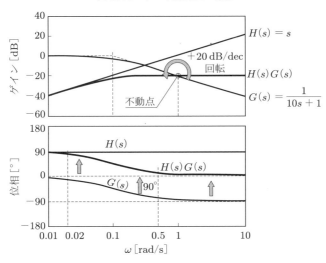

図 C.19　ボード線図上の微分

▌足し算

　ゲインの足し算は，足されるそれぞれのゲインのうち，それぞれの周波数での「最大のゲイン」で合計のゲインを近似する．

　足し算の例として

$$G(s) = 1 + 0.1\frac{1}{s} + 0.1s \tag{C.15}$$

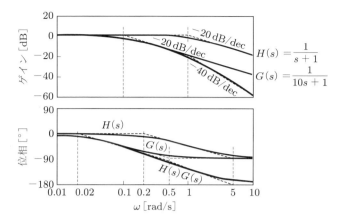

図 C.20 ボード線図上の一次遅れどうしのかけ算 $(T = 1, 10\,[\text{s}])$

の周波数応答の例が図 C.21 だ. 足し算のゲインは, $\omega < 0.1$ では 3 項のうち最大の $0.1/s$ で近似し, $0.1 \geq \omega \geq 10$ では最大の 1 で近似し, $\omega > 10$ では最大の $0.1s$ で近似する.

式 (C.15)は PID 制御と同形式だ. 純 PID 制御の周波数応答の例が図 C.22 だ. ゲイン線図の折れ点角周波数は, $1/T_\text{I}$ と $1/T_\text{D}$ だ.

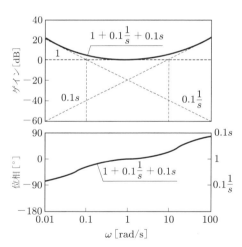

図 C.21 伝達関数の足し算

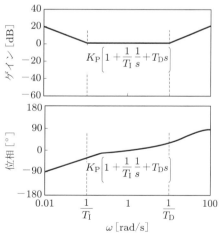

図 C.22 純 PID 制御の周波数応答例
$(1/T_\text{D} \ll 1/T_\text{I}$ の場合$)$

C.10╱入力の周波数成分 •••

ここでは，時間軸の入力とその周波数成分との関係を理解しよう．

入力の周波数成分の表し方は，**振幅スペクトル**だ．振幅スペクトルとは，入力など
の波形を，あらゆる ω の sin 波に分解し，その振幅 Y を縦軸に，ω を横軸にとって表
した図だ．ただし，制御工学では，振幅スペクトルのかわりに振幅をレベル表示した
パワースペクトルが使われる．そのため，パワースペクトルの縦軸や横軸は，ボード
線図のゲインの図と同じだ．

ランプ入力 $(1/s^2)$ やステップ入力 $(1/s)$，**インパルス入力** (1) のパワースペクトルが
図 C.23 だ．ランプ入力の傾きは $-40\,\mathrm{dB/dec}$，単位ステップの傾きは $-20\,\mathrm{dB/dec}$，
単位インパルスの傾きは 0 だ．したがって，インパルス，ステップ，ランプの順に高
周波側のレベルがより高く，低周波側がより低い．時間軸波形では，$t = 0$ において，
インパルス，ステップ，ランプの順に尖がり方が鋭い（表 1.2）．したがって，模式化
入力の波形が尖っているほど高周波成分が大きい[†]ので，制御系の応答周波数の上
限も，より高周波，たとえば，FB 制御なら遮断角周波数 ω_{off} がより高周波であるこ
とが望まれる．

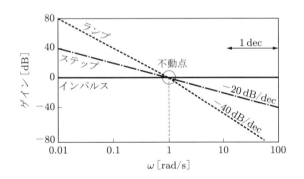

図 C.23   入力のパワースペクトル

パワースペクトルの計算法は，入力に相当する s の関数を表 4.3 のラプラス変換表か
ら選び，それを伝達関数 $G(s)$ に見立てて，ボード線図のゲインを計算する．

たとえば，ランプ入力は，表 4.3 から

$$G(s) = \frac{1}{s^2} \tag{C.16}$$

[†] ステップ入力とランプ入力で，相場感の収束周期の数が違うのは，このためだ．

だ．この $G(s)$ のゲインを MATLAB で計算するには，

$$\mathtt{bode([1],[1\ \ 0\ \ 0])} \tag{C.17}$$

と入力する†．その結果，表示されるボード線図のゲインが，パワースペクトルのレベルを表す．また，同時に表示される位相角の図は**位相スペクトル**とよばれる．

次に，単位ステップ入力は，表 4.3 から

$$G(s) = \frac{1}{s} \tag{C.18}$$

だから，これを MATLAB で計算するには，

$$\mathtt{bode([1],[1\ \ 0])} \tag{C.19}$$

と入力する．

単位インパルスは，表 4.3 から

$$G(s) = 1 \tag{C.20}$$

だから，これを MATLAB で計算させるには，

$$\mathtt{bode([1],[1])} \tag{C.21}$$

と入力する．

---

† [1],[1　0　0] は，$1/(s^2 + 0s + 0) = 1/s^2$ に相当する．

フィードバック制御系の安定性

D.1／MATLAB による安定・不安定の見分け方 ・・・・・・・・・・・・・・・・・

　制御系が安定か不安定かを見分けることを**安定判別**という．ここでは，MATLAB の roots コマンドを使った安定判別の手順について述べよう．

　安定判別の手順は 3 段階に分かれる．

▌Step1　特性方程式を立てる

　特性方程式[†]左辺の s 係数を，高次から順に並べた行列（行ベクトル）を作り，[ ] で囲む．係数の区切りはカンマ（,）でも半角空白（ ）でもよい．

> 　たとえば，特性方程式が
>
> $$s^4 + 2s^3 + 3s^2 + 4s + 5 = 0 \tag{D.1}$$
>
> のとき，特性方程式左辺の s 係数は，高次から順に，1,2,3,4,5 となる．したがって，これを順に並べた行列は
>
> $$[1\ 2\ 3\ 4\ 5] \tag{D.2}$$
>
> だ．この行列は半角空白区切りだが，カンマで区切って
>
> $$[1,2,3,4,5] \tag{D.3}$$
>
> としてもよい．

▌Step2　特性方程式を s について解く

　Step1 で作った行列を roots( ) の括弧内に入れ，Enter キーを押す．

---

† 2.3.2 項の Tips 参照．

式 (D.2) の場合，MATLAB に

$$\text{roots}([1 \ \ 2 \ \ 3 \ \ 4 \ \ 5])\qquad\qquad\text{(D.4)}$$

と入力し，Enter キーを押す．

Step3　解の実部の正負を確認する

出力された s の数値の実部がすべて負ならば安定で，そうでなければ不安定だ．

式 (D.4) を入力し，Enter キーを押すと，

```
ans =
-1.2878 + 0.8579i
-1.2878 - 0.8579i
   0.2878 + 1.4161i
   0.2878 - 1.4161i
```

と表示される（i は虚数単位 j のことだ）．これらの値が解だ．これらの解のうち，下の二つの実部が正だから，式 (D.1) の元になった伝達関数は不安定だ．

D.2／解かなくてもわかる安定判別 ●●●●●●●●●●●●●●●●●●●

安定判別の方法に，フルビッツの安定判別やナイキストの安定判別[†] がある．フルビッツの安定判別では，（伝達関数の分母）＝ 0 とした式（特性方程式）の係数を見ただけで不安定なことがわかる場合が二つある．

その一つは，s の各次の係数が一つでも 0 の場合だ．たとえば，0 次の項がない特性方程式

$$s^4 + 2s^3 + 3s^2 + 4s = 0 \qquad\qquad\text{(D.5)}$$

や s^3 の項がない方程式

[†]　ナイキストの安定判別の基本概念は，表 2.6 による判別と同じだ．

$$s^4 + 3s^2 + 4s + 5 = 0 \tag{D.6}$$

は，どちらも不安定だ．

　もう一つは，s の係数が互いに異符号の場合だ．たとえば，0 次の項の符号が負の

$$s^4 + 2s^3 + 3s^2 + 4s - 5 = 0 \tag{D.7}$$

は不安定だ．これらのような場合に対して，フルビッツの安定判別は便利だ．

　式 (D.6) のパターンに関係するのが，図 2.27 の直列積分が 2 個の場合だ．この図で，$P(s) = K_{\mathrm{P}} = 1/T_{\mathrm{I2}} = 1/T_{\mathrm{I1}} = T_{\mathrm{D}} = 1$ とすると，特性方程式は

$$s^3 + 2s^2 + s + 1 = 0 \tag{D.8}$$

となるので，すべての s の次数が揃っている．しかし，1 重積分の項だけを廃止すると ($P(s) = K_{\mathrm{P}} = 1/T_{\mathrm{I2}} = T_{\mathrm{D}} = 1,\ 1/T_{\mathrm{I1}} = 0$)，特性方程式は，

$$s^3 + 2s^2 + 1 = 0 \tag{D.9}$$

となり，s^1 の項がなくなるので，不安定だ．

　なお，この二つに該当しなくても不安定なこともあるので（式 (D.1) がその一例だ），係数だけで不安定と判断できないときは，D.1 節の方法で安定性を判別する．ただし，実際には，安定判別の上位互換である安定余裕を確保するので，安定判別を使うまでもない．

D.3／安定限界の意味 ●●●●●●●●●●●●●●●●●●●●●●●●●●●●●●●●●●●●●

　図 D.1(a) の FB 制御系の安定と不安定との境目（安定限界）の条件は，

$$C_{\mathrm{PID}}(j\omega_{-180°})P(j\omega_{-180°}) = -1 \tag{2.38 再掲}$$

だ．この式の意味を，やまびこを例に考えよう．やまびことは，山で「ヤッホー」と叫ぶと，「ヤッホー」が何回か反響しながら，徐々に小さくなる現象だ．

　図 D.1(a) の r 地点で「ヤッホー」と叫んだとする．「ヤッホー」は，その後遅れて，「山」に相当する $C(s)P(s)$ で反射して，フィードバックを通って加算点に戻ってくる．r 地点の「ヤッホー」の波形を，簡単のため高さ 1 のインパルスで模式化したものが図 D.1(b) の r だ．r 地点と加算点地点とを，同じ場所として考えると，0 周目の x 地

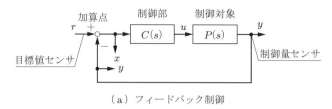

（a）フィードバック制御

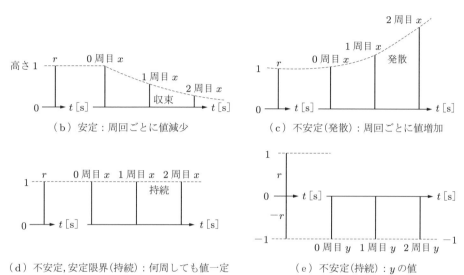

（b）安定：周回ごとに値減少

（c）不安定(発散)：周回ごとに値増加

（d）不安定，安定限界(持続)：何周しても値一定

（e）不安定(持続)：y の値

図 D.1 やまびこの反響

点でもインパルスの高さは 1 だ．このインパルスが $C(s)P(s)$ で反射して戻ってきたのが 1 周目の x で，1 よりも小さい．これが再び反射して戻ってきたのが 2 周目の x だ．2 周目の x は，1 周目よりもさらに小さい．

このように，やまびこの x は，フィードバックループの周回を重ねるごとに減っていき，最後は 0 になる．したがって，やまびこが前回よりも小さな値になって戻ってくると安定だ．一方，発散の場合に対応するのが，図 D.1(c) だ．この場合，やまびこが，前回よりも大きくなって戻ってくる．そのため，x は周回を重ねるたびに大きくなるので，発散する．両者の中間なのが，安定限界に対応する図 D.1(d) だ．この場合，やまびこの大きさは変らない．

このように，やまびこが前回よりも小さくなって戻ってくると安定で，大きくなって戻ってくると不安定（発散）だ．また，何周しても大きさが変化しないのが持続（安定限界）だ．

安定限界を数式にしよう．持続の場合のインパルスが，図 D.1(d) だ．これは，山に反射してもやまびこの大きさが変わらないため，何周目でも $x = 1$ だ．このときの y が図 D.1(e) だ．加算点の y 側に負号があるので，何周目でも $y = -1$ だから，r や x の値が -1 倍になって加算点に戻るときが安定限界だ．

したがって，安定限界での x と y との関係を数式で書けば

$$\frac{y}{x} = -1 \tag{D.10}$$

となる．一方，図 D.1 から，x と y との間にある伝達関数は $C_{\mathrm{PID}}(s)P(s)$ だから，y/x の周波数応答関数は

$$\frac{y}{x} = C_{\mathrm{PID}}(j\omega)P(j\omega) \tag{D.11}$$

と書ける（$s = j\omega$ を代入した）．式 (D.11) と式 (D.10)とから，安定限界のとき

$$C_{\mathrm{PID}}(j\omega)P(j\omega) = -1 \tag{D.12}$$

の関係が成り立つ．上式 (D.12) の右辺が実数になるのは，$\omega = -180°$ のときだから，この式に $\omega = \omega_{-180°}$ を代入したものが安定限界を表す式 (2.38) なのだ．

　やまびこの別名

図 D.2(a) の加算点でフィードバックを切り離して，フィードバックループを開くと，図 (b) になる．これを，**開ループ**という．そのため，やまびこの伝達関数 $C_{\mathrm{PID}}(s)P(s)$ を**開ループ伝達関数**や**一巡伝達関数**といい，その周波数応答を**開ループ周波数応答**という．また，開ループの対比として，図 (a) を**閉ループ**という．

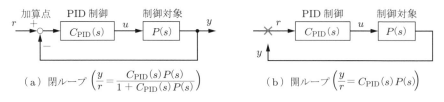

図 D.2　閉ループと開ループ（やまびこ）

相場感の一般性

図 4.2 に示した収束の相場観は，制御系全体が二次遅れ系についてのものだったが，この相場観は二次遅れ系以外でも通用することを，例とともにみていこう.

次の二つの $P(s)$ を想定する.

ケース A：0 型

$$P(s) = \frac{1}{s+1} \cdot \frac{1}{0.1s+1} \cdot \frac{1}{0.01s+1} \tag{E.1}$$

ケース B：1 型

$$P(s) = \frac{1}{s} \cdot \frac{1}{s+1} \cdot \frac{1}{0.1s+1} \tag{E.2}$$

これらの P 制御においてそれぞれ，「減衰重視」の安定余裕と「速さ重視」の安定余裕になるように K_P を調整した結果が，表 E.1, E.2 だ.

表 E.1, E.2 のステップ応答とランプ応答が図 E.1, E.2 だ. 収束周期や，一山めと二山めの高さの比に注目すると，これらの応答と図 4.2 は，ほぼ同等だ. このように，制御系全体が二次遅れ系でなくても，相場感はほぼ同じだ.

表 E.1　ケース A（式 (E.1)）

$C_{\mathrm{PID}}(s)$	$P_\mathrm{m}\,[°]$	(参考) $G_\mathrm{m}\,[\mathrm{dB}]$	安定余裕
15	43.7	18.2	減衰重視
40	20.8	9.70	速さ重視

表 E.2　ケース B（式 (E.2)）

$C_{\mathrm{PID}}(s)$	$P_\mathrm{m}\,[°]$	(参考) $G_\mathrm{m}\,[\mathrm{dB}]$	安定余裕
1.18	43.6	19.4	減衰重視
3.50	20.3	9.95	速さ重視

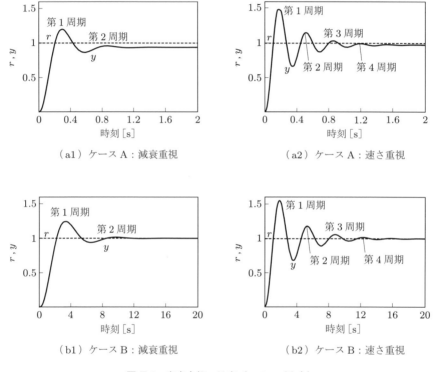

（a1）ケース A：減衰重視

（a2）ケース A：速さ重視

（b1）ケース B：減衰重視

（b2）ケース B：速さ重視

図 E.1　安定余裕の目安（ステップ入力）

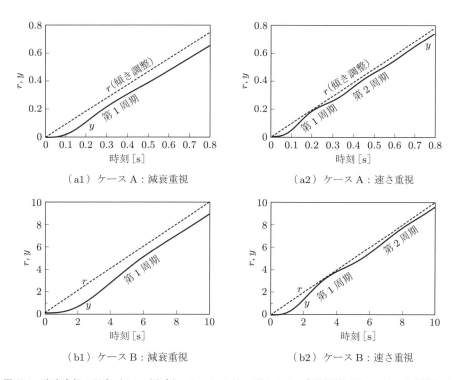

（a1）ケース A：減衰重視　　　　　　　　（a2）ケース A：速さ重視

（b1）ケース B：減衰重視　　　　　　　　（b2）ケース B：速さ重視

図 E.2　安定余裕の目安（ランプ入力）：ケース A は 0 型なので，定常状態では，y は r と平行にならない（表 2.1 参照）．そこで，平行になるように，r の傾きを調整してある

参考文献

[1] 岩崎文雄，甲斐孝一，山崎博敏：曲線区間を高速で走行可能な振子式電車—国鉄 381 系直流特急電車—，日立評論，Vol.55，No.11（1973）

[2] 大畠明：FF，FB の使い分けとエンジン出力制御，講習会「とことんわかる自動車のモデリングと制御 2003」教材（日本機械学会，2003）

[3] 加賀谷博昭，吉松雄太，井出知良，山田忠，長尾陽一：空気ばね式車体傾斜制御システムにおける内圧推定オブザーバを用いた防振制御，日本機械学会論文集（C 編），Vol.78，No.790，pp.129–137（日本機械学会，2012）

[4] 風戸昭人：振子車両・車体傾斜車両，Railway Research Review，Vol.72，No.3（鉄道総合技術研究所，2015）

[5] 酒井英樹：車輌の制動力制御装置，特許公開番号：2009–166843 （特許庁，2009）

[6] 酒井英樹：自動車運動力学〜気持ちよいハンドリングのしくみと設計〜（森北出版，2015）

[7] システム制御情報学会編（著者代表：須田信英）：PID 制御，システム制御情報ライブラリー（朝倉書店，1992）

[8] 杉江俊治，藤田正之：フィードバック制御入門，システム制御工学シリーズ 3（コロナ社，1999）

[9] 須田信英 編著：PID 制御（朝倉書店，1992）

[10] 日本機械学会編：車両システムのダイナミックスと制御，新技術融合シリーズ：第 5 巻（養賢堂，1999）

[11] 日本鉄道車両機械技術協会編：台車—構造，機能と設計—，鉄道電気車両（日本鉄道車両機械技術協会，2017）

[12] 長谷川健介：制御理論入門（昭晃堂，1971）

[13] 宮崎誠一：パソコンシミュレーションで体得する自動制御の基礎と実際，改訂版，http://www.miyazaki-gijutsu.com/series/index.html（参照日，2019/2/26）

[14] 宮本昌幸：鉄道車両の運動と制御に関する研究・開発動向，日本機械学会論文集 C 編/64 巻 625 号（日本機械学会，1998）

[15] 安井敏：カーブを疾走するスプリンター『振子式車両』［前編］［後編］，鉄道車両輸出組合報，No.227–228（2006）

（筆頭著者 50 音順）

索　引

著 者 略 歴

酒井 英樹（さかい・ひでき）

1984 年	横浜国立大学工学部船舶海洋工学科卒業.
1984 年 ～2012 年	トヨタ自動車にて車両運動とその制御の研究や，パワーステアリング制御，サスペンション制御，ブレーキ制御，予防安全制御システムの開発などに従事.
1999 年	博士（工学）を授与されるとともに，日本機械学会賞（論文）受賞.
2009 年 ～2011 年	同社東富士研究所所内基礎講座「制御工学」の担当講師を務める.
2012 年～	近畿大学工学部准教授．制御設計や車両運動力学・機械力学の授業を担当.
2017 年	自動車技術会フェロー会員，日本機械学会フェロー.
2018 年	自動車技術会 JSAE フェローエンジニア.
2020 年度	日本機械学会交通・物流部門長.

著書 「自動車運動力学～気持ちよいハンドリングのしくみと設計～」，森北出版（2015）

趣味 映画鑑賞，音楽鑑賞

編集担当	太田陽喬(森北出版)
編集責任	藤原祐介(森北出版)
組 版	藤原印刷
印 刷	同
製 本	同

11 ステップ　制御設計
PID と FF でつくる素性のよい制御系　　　ⓒ 酒井英樹　2021

2021 年 3 月 31 日　第 1 版第 1 刷発行　　【本書の無断転載を禁ず】

著　　者	酒井英樹
発 行 者	森北博巳
発 行 所	森北出版株式会社

東京都千代田区富士見 1-4-11（〒 102-0071）
電話 03-3265-8341／FAX 03-3264-8709
https://www.morikita.co.jp/
日本書籍出版協会・自然科学書協会　会員
JCOPY ＜（一社）出版者著作権管理機構　委託出版物＞

Printed in Japan／ISBN978-4-627-67631-2